药食兼用植物图鉴230种

任全进　严　辉　廖盼华　编

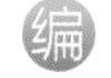

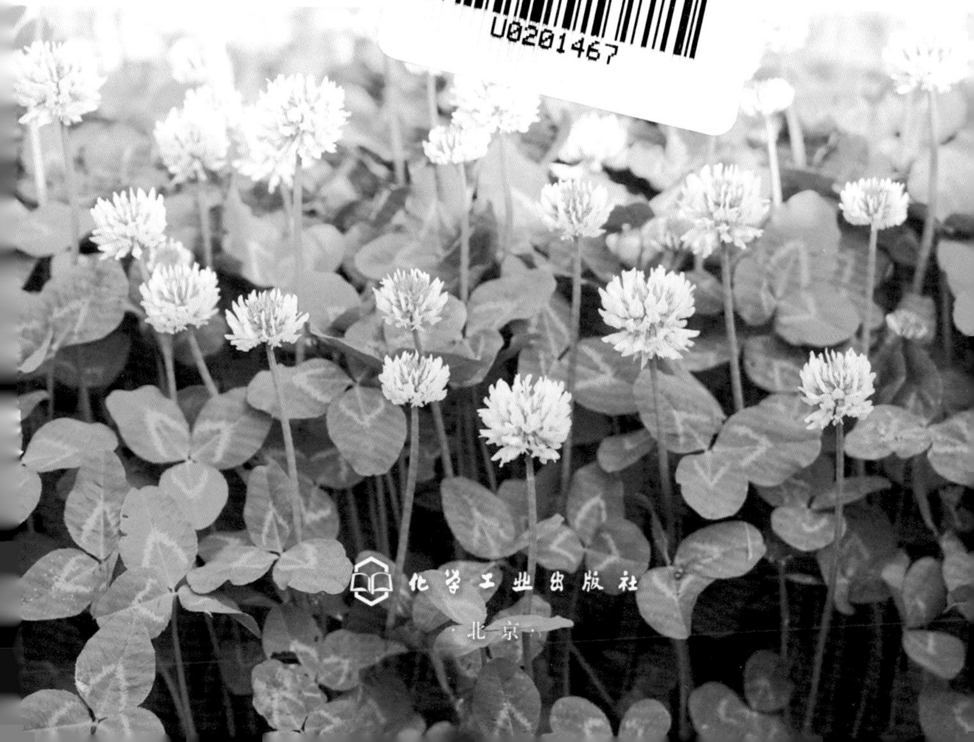

化学工业出版社
·北京·

内容简介

《药食兼用植物图鉴230种》共收录了常见药食兼用植物230种。按照乔木、灌木、藤本、半灌木、草本进行编排，涵盖了全国大部分地区常见的药食兼用植物，每种植物均附有彩色写实照片。全书内容丰富，文字表达翔实简练，植物识别特征明显，图文并茂，对各种药食兼用植物的拉丁名、科属、形态特征、生长习性、药用功效及食用方法进行了精练概括，具有较高的知识性、实用性和科普鉴赏价值。

《药食兼用植物图鉴230种》可作为园艺、园林、植物学、林学、农学等专业师生的教学和实习参考用书，也可作为园艺爱好者、休闲饮食制作爱好者的参考用书。

图书在版编目（CIP）数据

药食兼用植物图鉴230种 / 任全进，严辉，廖盼华编. —北京：化学工业出版社，2022.8

ISBN 978-7-122-41379-6

Ⅰ.①药… Ⅱ.①任…②严…③廖… Ⅲ.①植物－图集 Ⅳ.①Q94-64

中国版本图书馆CIP数据核字（2022）第077072号

责任编辑：尤彩霞　　装帧设计：关　飞

责任校对：刘曦阳

出版发行：化学工业出版社

（北京市东城区青年湖南街13号　邮政编码100011）

印　　装：北京宝隆世纪印刷有限公司

889mm×1194mm　1/32　印张 $7^1/_2$　字数252千字

2022年10月北京第1版第1次印刷

购书咨询：010-64518888　　售后服务：010-64518899

网　　址：http://www.cip.com.cn

凡购买本书，如有缺损质量问题，本社销售中心负责调换。

定　　价：78.00元

前言

许多药用植物不但葱茏可爱，还可以成为人们餐桌上的佳肴，即清香美味的药食两用植物，在深山幽谷、茫茫草原、旷野荒地、浅海礁岩、河畔湖荡以及田埂屋边等自然环境中皆可见其身影，是大自然的美妙馈赠，也是人与自然相生相伴的见证。药食两用植物营养丰富，清新可口，含有人体所需的氨基酸、糖类、无机盐、微量元素和膳食纤维，是人类的美味食材，科学食用不仅能防病治病，而且对人体有良好的保健功能。

我国地域广阔，气候多样，植物资源极其丰富。在民族医药发展中，积累了丰富的、特色鲜明的食疗、食养和养生保健经验，民间药食两用文化沉淀深厚。随着社会经济的快速发展，人们的生活节奏日益加快，亚健康状态人群不断增多，人们对日常食疗与养生保健的需求不断增长，渴望学习了解更多的养生保健知识，因此，深入了解兼具药用和食用两种功能的植物，对于合理饮食具有重要意义。本书收录了二百多种常见药食兼用植物，介绍了其形态特征、生长习性、药用功效及食用方法，希望读者能从中了解到自己需要的知识。

《药食兼用植物图鉴230种》的编写出版得到了2018年中医药公共卫生服务补助专项“全国中药资源普查项目”（财［2018］43号）的支持。

由于编者水平有限，不足之处在所难免，敬请广大读者批评指正。

编 者

2022年3月

于江苏省中国科学院植物研究所（南京中山植物园）

目 录

乔木类 / 1

1. 刺槐……1
2. 槐……2
3. 酸豆……3
4. 番木瓜……4
5. 核桃……5
6. 美国山核桃……6
7. 山核桃……7
8. 沙枣……8
9. 栗……9
10. 香椿……10
11. 白兰……11
12. 玉兰……12
13. 木犀……13
14. 盐肤木……14
15. 黄连木……15
16. 杧果……16
17. 南酸枣……17
18. 李……18
19. 枇杷……19
20. 山楂……20
21. 杏……21
22. 樱桃……22
23. 构树……23
24. 桑……24
25. 山茱萸……25
26. 四照花……26
27. 君迁子……27
28. 柿子……28
29. 枣……29
30. 枳椇……30
31. 番石榴……31
32. 梧桐……32
33. 银杏……33
34. 榆树……34
35. 花椒……35
36. 黄皮……36
37. 金柑……37
38. 柠檬……38

灌木类 / 39

39. 菝葜……39
40. 锦鸡儿……40
41. 笃斯越橘……41
42. 南烛……42
43. 胡颓子……43
44. 牛奶子……44
45. 中国沙棘……45

46. 木芙蓉……46
47. 木槿……47
48. 木茼蒿……48
49. 蜡梅……49
50. 茉莉花……50
51. 鸡矢藤……51
52. 栀子……52
53. 白鹃梅……53
54. 多腺悬钩子……54
55. 金樱子……55
56. 毛叶木瓜……56
57. 毛樱桃……57
58. 玫瑰……58
59. 缫丝花……59
60. 野蔷薇……60
61. 月季花……61
62. 掌叶覆盆子……62
63. 皱皮木瓜……63
64. 枸杞……64
65. 接骨木……65
66. 薜荔……66
67. 无花果……67
68. 柘……68
69. 山茶……69
70. 神秘果……70
71. 石榴……71
72. 酸枣……72
73. 佛手……73

藤本类 / 74

74. 扁豆……74
75. 葛……75
76. 紫藤……76
77. 佛手瓜……77
78. 绞股蓝……78
79. 栝楼……79
80. 萝藦……80
81. 中华猕猴桃……81
82. 华中五味子……82
83. 木通……83
84. 葡萄……84
85. 乌蔹莓……85
86. 茜草……86
87. 清风藤……87
88. 忍冬……88

半灌木类 / 89

89. 百里香……89
90. 牛至……90

草本类 / 91

91. 黄花菜……91
92. 百合……92
93. 黄精……93
94. 韭……94
95. 宽叶韭……95
96. 绵枣儿……96
97. 薤白……97
98. 萱草……98
99. 玉簪……99
100. 玉竹……100
101. 狼尾花……101

102. 车前 …………………………… 102
103. 薄荷 …………………………… 103
104. 丹参 …………………………… 104
105. 地笋 …………………………… 105
106. 活血丹 ………………………… 106
107. 藿香 …………………………… 107
108. 荔枝草 ………………………… 108
109. 留兰香 ………………………… 109
110. 罗勒…………………………… 110
111. 夏枯草 ………………………… 111
112. 香茶菜 ………………………… 112
113. 香薷…………………………… 113
114. 野芝麻 ………………………… 114
115. 益母草 ………………………… 115
116. 紫苏…………………………… 116
117. 铁苋菜 ………………………… 117
118. 白车轴草 ……………………… 118
119. 决明…………………………… 119
120. 少花米口袋…………………… 120
121. 小巢菜 ………………………… 121
122. 紫苜蓿 ………………………… 122
123. 凤仙花 ………………………… 123
124. 白茅 …………………………… 124
125. 淡竹叶 ………………………… 125
126. 菰……………………………… 126
127. 薏苡 …………………………… 127
128. 姜花 …………………………… 128
129. 紫花地丁 ……………………… 129
130. 冬葵 …………………………… 130
131. 黄秋葵 ………………………… 131
132. 锦葵 …………………………… 132
133. 苘麻 …………………………… 133
134. 蜀葵 …………………………… 134
135. 野西瓜苗……………………… 135
136. 垂盆草 ………………………… 136
137. 费菜 …………………………… 137
138. 半边莲 ………………………… 138
139. 桔梗 …………………………… 139
140. 羊乳 …………………………… 140
141. 艾……………………………… 141
142. 白苞蒿 ………………………… 142
143. 刺儿菜 ………………………… 143
144. 东风菜 ………………………… 144
145. 蜂斗菜 ………………………… 145
146. 鬼针草 ………………………… 146
147. 红凤菜（紫背菜） ………… 147
148. 黄鹌菜 ………………………… 148
149. 尖裂假还阳参 ……………… 149
150. 碱菀 …………………………… 150
151. 金盏花 ………………………… 151
152. 菊花脑 ………………………… 152
153. 菊苣 …………………………… 153
154. 菊芋 …………………………… 154
155. 苦苣菜 ………………………… 155
156. 马兰 …………………………… 156
157. 牡蒿 …………………………… 157
158. 泥胡菜 ………………………… 158
159. 鼠曲草 ………………………… 159
160. 牛蒡 …………………………… 160
161. 蒲公英 ………………………… 161

162. 千里光 ························· 162
163. 兔儿伞 ························· 163
164. 旋覆花 ························· 164
165. 鸦葱 ························· 165
166. 茵陈蒿 ························· 166
167. 中华苦荬菜 ························· 167
168. 紫菀 ························· 168
169. 地肤 ························· 169
170. 萹蓄 ························· 170
171. 何首乌 ························· 171
172. 虎杖 ························· 172
173. 金荞麦 ························· 173
174. 酸模 ························· 174
175. 欧菱 ························· 175
176. 柳叶菜 ························· 176
177. 鹅绒藤 ························· 177
178. 落葵 ························· 178
179. 马鞭草 ························· 179
180. 马齿苋 ························· 180
181. 芍药 ························· 181
182. 唐松草 ························· 182
183. 地榆 ························· 183
184. 火棘 ························· 184
185. 龙芽草 ························· 185
186. 三叶委陵菜 ························· 186
187. 蛇莓 ························· 187
188. 假酸浆 ························· 188
189. 龙葵 ························· 189
190. 酸浆 ························· 190
191. 紫背天葵 ························· 191
192. 接骨草 ························· 192
193. 蕺菜 ························· 193
194. 变豆菜 ························· 194
195. 茴香 ························· 195
196. 山芹 ························· 196
197. 水芹 ························· 197
198. 鸭儿芹 ························· 198
199. 野胡萝卜 ························· 199
200. 芫荽 ························· 200
201. 紫叶鸭儿芹 ························· 201
202. 荸荠 ························· 202
203. 瞿麦 ························· 203
204. 播娘蒿 ························· 204
205. 蔊菜 ························· 205
206. 欧洲菘蓝 ························· 206
207. 荠 ························· 207
208. 败酱 ························· 208
209. 诸葛菜 ························· 209
210. 仙茅 ························· 210
211. 鹅肠菜 ························· 211
212. 孩儿参（太子参） ························· 212
213. 荇菜 ························· 213
214. 莲 ························· 214
215. 芡实 ························· 215
216. 石刁柏 ························· 216
217. 天门冬 ························· 217
218. 东亚魔芋 ························· 218
219. 凹头苋 ························· 219
220. 灰绿藜 ························· 220
221. 鸡冠花 ························· 221

222. 柳叶牛膝 …………………… 222
223. 牛膝 …………………………… 223
224. 青葙 …………………………… 224
225. 香蒲 …………………………… 225
226. 玄参 …………………………… 226
227. 荨麻 …………………………… 227
228. 鸭跖草 ………………………… 228
229. 鸭舌草 ………………………… 229
230. 华夏慈姑 ……………………… 230

中文索引 / 231

乔木类

1. 刺槐

拉丁名： *Robinia pseudoacacia* L.

科属： 豆科刺槐属

形态特征： 落叶乔木，小枝具托叶刺。羽状复叶，常对生，椭圆形、长椭圆形或卵形。总状花序腋生，下垂，花白色。荚果褐色，或具红褐色斑纹。花期 4 ～ 6 月份，果期 8 ～ 9 月份。

生长习性： 温带树种，喜土层深厚、肥沃、疏松、湿润的壤土。

药用功效： 花入药，止血。

食用方法： 花采摘后可以做汤、拌菜、焖饭，亦可做槐花糕、包饺子，日常生活中最常见的就是蒸槐花（又名槐花麦饭）。

2. 槐

拉丁名：*Styphnolobium japonicum* (L.) Schott

科属：豆科槐属

形态特征：乔木。羽状复叶，小叶对生或近互生，纸质，卵状披针形或卵状长圆形。圆锥花序顶生，常呈金字塔形，花白色或淡黄色。荚果串珠状。花期 7 ～ 8 月份，果期 8 ～ 10 月份。

生长习性：喜光而稍耐阴。能适应较冷气候。

药用功效：果、根、叶和枝均可入药。叶：清肝泻火、凉血解毒、燥湿杀虫；枝：散瘀止血、清热燥湿、祛风杀虫；根：散瘀消肿、杀虫；槐角（果实）：凉血止血、清肝明目。

食用方法：花蕾可以搭配大黄一起做汤，还可以煮粥或直接泡茶。

3. 酸豆

拉丁名： *Tamarindus indica* L.

科属： 豆科酸豆属

形态特征： 乔木。小叶较小，长圆形。花黄色或杂以紫红色条纹。荚果圆柱状长圆形，肿胀，棕褐色。花期 5 ～ 8 月份；果期 12 月～翌年 5 月份。

生长习性： 适宜在温度高、日照长、气候干燥、干湿季节分明的地区生长。

药用功效： 果实入药，清热解暑，和胃消积。

食用方法： 果肉味酸甜，可生食或熟食，或做蜜饯或制成各种调味酱及泡菜；果熬制成果汁加糖水是很好的清凉饮料；种仁榨取的油可供食用。

4. 番木瓜

拉丁名： *Carica papaya* L.

科属： 番木瓜科番木瓜属

形态特征： 常绿软木质小乔木，茎、杆、枝、叶具乳汁；茎不分枝或有时于损伤处分枝，托叶痕螺旋状排列。叶聚生于茎顶端，近盾形。花单性或两性，有些品种雄株偶生两性花或雌花，并结果，有时雌株出现少数雄花。浆果肉质，成熟时橙黄色或黄色。花果期全年。

生长习性： 喜高温多湿、热带气候，不耐寒。

药用功效： 果实入药，健胃消食，滋补催乳，舒筋通络。

食用方法： 成熟的番木瓜，适合当水果吃，吃时刨皮，去籽，吃木瓜肉。未成熟的青色番木瓜可和肉类同炖。

5. 核桃

拉丁名: *Juglans regia* L.

科属: 胡桃科胡桃属

形态特征: 乔木，树皮老时灰白色、纵向浅裂，小枝无毛。奇数羽状复叶，小叶椭圆状卵形至长椭圆形。雄性柔荑花序下垂，雌性穗状花序。果序短，俯垂，果实近于球状。花期 5 月份，果期 10 月份。

生长习性: 喜肥沃湿润的沙质壤土。

药用功效: 种子入药，补肾、固精强腰、温肺定喘、润肠通便。

食用方法: 种仁含油量高，可生食，也可煮水、榨汁、烧菜、煮粥，亦可榨油食用。

6. 美国山核桃

拉丁名： *Carya illinoinensis* (Wangenheim) K. Koch

科属： 胡桃科山核桃属

形态特征： 大乔木，树皮粗糙，深纵裂。奇数羽状复叶，小叶具极短的小叶柄，卵状披针形至长椭圆状披针形。雄性柔荑花序，腋生，雌性穗状花序直立，花序轴密被柔毛。果实矩圆状或长椭圆形。5 月份开花，9 ～ 11 月份果成熟。

生长习性： 喜温暖湿润气候，较耐寒。

药用功效： 果仁入药，补肾，补中益气，润肌肤、乌须发。

食用方法： 果仁可生食或炒食，也可制作各种美味点心。

7. 山核桃

拉丁名： *Carya cathayensis* Sarg.

科属： 胡桃科山核桃属

形态特征： 乔木，树皮平滑，灰白色。单数羽状复叶互生，小叶对生，披针形或倒卵状披针形。雌雄同株，雄性柔荑花序，腋生。雌性穗状花序直立，花序轴密被腺体。果实倒卵形。4～5月份开花，9月份果成熟。

生长习性： 适生于山麓疏林中或腐殖质丰富的山谷。

药用功效： 根皮、外果皮、种仁入药，滋润补养、清热解毒、杀虫止痒。

食用方法： 果仁味美可食，亦用以榨油，其油芳香可口，供食用。

8. 沙枣

拉丁名： *Elaeagnus angustifolia* L.

科属： 胡颓子科胡颓子属

形态特征： 落叶乔木或小乔木，棕红色，发亮，幼枝叶和花果均密被银白色鳞片。叶薄纸质，矩圆状披针形至线状披针形。花银白色，果实椭圆形，粉质。花期 5 ～ 6 月份，果期 9 月份。

生长习性： 生活力很强，抗旱，抗风沙，耐盐碱，耐贫瘠。

药用功效： 果实、树皮入药，果实养肝益肾，健脾调经；树皮：清热凉血，收敛止痛。

食用方法： 果肉能够泡水、生吃或熟食，某些地区如新疆将果子晾干、磨粉掺在面粉内代正餐，也可以制酒或制醋酱、点心等食品。

9. 栗

拉丁名： *Castanea mollissima* Blume

科属： 壳斗科栗属

形态特征： 乔木。叶椭圆至长圆形，有叶柄。雄花聚生成簇，雌花花柱下部被毛。成熟壳斗有锐刺，坚果。花期4～6月份，果期8～10月份。

生长习性： 喜温和湿润气候，耐寒、喜光，忌积水。

药用功效： 果实、花序、壳斗、树皮、根皮、叶均可入药，果实：滋阴补肾；花序：清热燥湿，止血，散结；根皮：行气止痛，活血调经；叶：清肺止咳，解毒消肿。

食用方法： 可做糖炒板栗，可以鲜食（生吃较难消化，脾胃虚弱、消化不良者不宜食用）、煮食，又可加工成各种食品。南方以板栗做菜，多与肉炖食。

10. 香椿

拉丁名： *Toona sinensis* (A. Juss.) Roem.

科属： 楝科香椿属

形态特征： 乔木。叶具长柄，偶数羽状复叶，对生或互生，纸质，卵状披针形或卵状长椭圆形。聚伞圆锥花序，花白色。蒴果狭椭圆形，有小而苍白色的皮孔。花期6～8月份，果期10～12月份。

生长习性： 喜光喜温，较耐湿，适宜生长于河边、宅院周围肥沃湿润的土壤中。

药用功效： 叶、芽、根、皮和果子均可入药，清热解毒、健胃理气、润肤明目、杀虫止痛。

食用方法： 幼芽嫩叶入菜，香椿蒸饭、香椿拌豆腐、凉拌香椿、香椿炒鸡蛋、椿芽炒鸡丝、香椿酱油拌面、香椿辣椒、椿芽辣子汤都别有风味。

11. 白兰

拉丁名： *Michelia* × *alba* DC.

科属： 木兰科含笑属

形态特征： 常绿乔木。叶薄革质，长椭圆形或披针状椭圆形，上面无毛，下面疏生微柔毛，托叶痕达叶柄中部。花白色，蓇葖疏生的聚合果熟时鲜红色。花期4～9月份，夏季盛开，通常不结实。

生长习性： 喜温暖湿润的气候，不耐寒冷和干旱，适合于微酸性土壤。

药用功效： 根、叶、花可入药，根：清热解毒，止血凉血；叶：清热利尿，止咳化痰；花：化湿，行气，止咳。

食用方法： 将花和面粉混合，使用一些调料调味，再用油煎熟，即可食用。也可用来煮粥。花可用糖腌制，当作蒸糕的配料或制茶。

12. 玉兰

拉丁名： *Yulania denudata* (Desr.) D. L. Fu

科属： 木兰科木兰属

形态特征： 落叶乔木。叶纸质，倒卵形、宽倒卵形或倒卵状椭圆形，有托叶痕。花先叶开放，花梗密被淡黄色长绢毛，花白色，基部常带粉红色。聚合果圆柱形。花期2～3月份（亦常于7～9月份再开一次花），果期8～9月份。

生长习性： 喜光，较耐寒，可露地越冬。喜高燥，忌低湿。

药用功效： 花蕾入药，祛风散寒，通肺窍。

食用方法： 玉兰花肉质较厚，可煎食或蜜浸制作小吃，也可泡茶饮用。常见菜谱：玉兰饼、玉兰蒸花糕、玉兰花熘肉片、玉兰花色拉等。

13. 木犀

拉丁名： *Osmanthus fragrans* (Thunb.) Loureiro

科属： 木犀科木犀属

形态特征： 常绿乔木或灌木，小枝无毛。叶片革质，椭圆形、长椭圆形或椭圆状披针形。聚伞花序簇生于叶腋，或近于帚状，每腋内有花多朵，花冠黄白色、淡黄色、黄色或橘红色。果歪斜，呈紫黑色。花期9～10月上旬，果期翌年3月份。

生长习性： 喜温暖、湿润，适宜生长在亚热带气候广大地区。

药用功效： 花、果实及根可入药，花：散寒破结，化痰止咳；果：暖胃，平肝，散寒；根：祛风湿，散寒。

食用方法： 花不仅可以入菜，还可以用来酿酒泡茶，制作糕点、糖果。

14. 盐肤木

拉丁名： *Rhus chinensis* Mill.

科属： 漆树科盐肤木属

形态特征： 落叶小乔木或灌木。奇数羽状复叶有小叶，叶轴具宽的叶状翅。圆锥花序宽大，多分枝，花白色。核果球形，成熟时红色。花期8～9月份，果期10月份。

生长习性： 喜光，喜温暖湿润气候。适应性强，耐寒。

药用功效： 根、叶、花、果实可入药，清热解毒，散瘀止血。

食用方法： 嫩茎叶焯水后炒食。果实可直接食用。

15. 黄连木

拉丁名：*Pistacia chinensis* Bunge

科属：漆树科黄连木属

形态特征：落叶乔木。奇数羽状复叶互生，小叶对生或近对生，纸质，披针形或卵状披针形或线状披针形。花单性异株，先花后叶，圆锥花序腋生。核果倒卵状球形，成熟时紫红色。

生长习性：喜光，幼时稍耐阴；喜温暖，畏严寒，对土壤要求不严。

药用功效：树皮及叶可入药，清热、利湿、解毒。

食用方法：在 4 ～ 6 月份采摘嫩芽，嫩芽和种子可食。嫩叶可代茶，还可腌食。种子既可以榨油，也可炒制一下，当作瓜子食用。

16. 杧果

拉丁名： *Mangifera indica* L.

科属： 漆树科杧果属

形态特征： 常绿大乔木。叶薄革质，常集生于枝顶，长圆形或长圆状披针形。圆锥花序，多花密集，被灰黄色微柔毛，花黄色或淡黄色。核果大，肾形，成熟时黄色。

生长习性： 喜欢温暖阳光充足的环境，不耐寒霜。

药用功效： 果和叶可入药，果、果核：止咳、健胃、行气；叶：止痒。

食用方法： 果实是一种水果，直接生吃，也可制作果汁、果酱、罐头、腌渍、酸辣泡菜及杧果奶粉、蜜饯等。

17. 南酸枣

拉丁名： *Choerospondias axillaris*(Roxb.) Burtt et Hill

科属： 漆树科南酸枣属

形态特征： 落叶乔木，小枝无毛，具皮孔。奇数羽状复叶，小叶膜质至纸质，卵形或卵状披针形或卵状长圆形。花单性或杂性异株，雄花和假两性花组成圆锥花序，雌花单生于上部叶腋。核果椭圆形或倒卵状椭圆形，成熟时黄色。

生长习性： 稍耐阴，喜温暖湿润气候，怕水淹，不耐寒。

药用功效： 树皮和果可入药，消炎解毒，止痛止血。

食用方法： 果实甜酸，可生食、酿酒和加工酸枣糕。

18. 李

拉丁名： *Prunus salicina*Lindl.

科属： 蔷薇科李属

形态特征： 落叶乔木。叶片长圆倒卵形、长椭圆形，有叶柄。花通常3朵并生，花白色。核果球形、卵球形或近圆锥形，黄色或红色，有时为绿色或紫色。花期4月份，果期7～8月份。

生长习性： 对气候的适应性强，极不耐积水。

药用功效： 果、核仁、根、叶、花、树胶均可入药，果实：降气导滞、清肝涤热、生津、利水；核仁：散瘀、利水；根白皮：降逆、燥湿、清热解毒；花：美容养颜；树胶：清热，透泄疹毒，退翳。

食用方法： 果可生食，还常被用来制作果汁、李子干、蜜饯、果酱、罐头之类的食品。

19. 枇杷

拉丁名： *Eriobotrya japonica* (Thunb.) Lindl.

科属： 蔷薇科枇杷属

形态特征： 常绿小乔木。叶片革质，披针形、倒披针形、倒卵形或椭圆长圆形，下面密生灰棕色绒毛。圆锥花序顶生，具多花，花瓣白色。果实球形或长圆形，黄色或橘黄色。花期 10 ～ 12 月份，果期 5 ～ 6 月份。

生长习性： 喜温暖湿润气候，稍耐阴，忌积水。

药用功效： 叶可入药，化痰止咳，和胃降气。

食用方法： 果供生食、蜜饯和酿酒用。

20. 山楂

拉丁名： *Crataegus pinnatifida* Bge.

科属： 蔷薇科山楂属

形态特征： 落叶乔木。叶片宽卵形或三角状卵形，有叶柄。伞房花序具多花，花瓣白色。果实近球形或梨形，深红色，有浅色斑点。花期5～6月份，果期9～10月份。

生长习性： 喜凉爽而湿润的环境，适应能力强，抗洪涝能力超强，容易栽培。

药用功效： 果可入药，消食健脾，行气散瘀。

食用方法： 果实除鲜食外，还可以制成山楂片、果丹皮、山楂糕、红果酱、果脯、山楂酒等。

21. 杏

拉丁名： *Armeniaca vulgaris* Lam.

科属： 蔷薇科杏属

形态特征： 乔木。叶片宽卵形或圆卵形。花单生，先于叶开放，花白色或带红色，具短爪。果实球形，稀倒卵形，白色、黄色至黄红色，常具红晕，微被短柔毛。花期 3 ～ 4 月份，果期 6 ～ 7 月份。

生长习性： 适应性强，深根性，喜光，耐旱，抗寒，抗风，为低山丘陵地带的主要栽培果树。

药用功效： 种仁可入药，滋润肺燥，止咳平喘，润肠通便。

食用方法： 杏肉除了供人们鲜食之外，还可以加工制成杏脯、糖水罐头、杏酱、杏汁、杏酒等；杏仁可以制成杏仁露、杏仁酪等休闲小吃，还可作凉菜用、熬粥、炖汤等。杏仁油微黄透明，味道清香，是一种优良的食用油。

22. 樱桃

拉丁名： *Cerasus pseudocerasus* (Lindl.) G. Don

科属： 蔷薇科樱属

形态特征： 乔木。叶片卵形或长圆状卵形，托叶早落。花序伞房状或近伞形，先叶开放，花瓣白色。核果近球形，红色。花期 3 ～ 4 月份，果期 5 ～ 6 月份。

生长习性： 喜温而不耐寒，多栽培于肥美疏松、土层深沉、排灌条件良好的沙质土中。

药用功效： 枝、叶、根、花可入药，补血益肾。

食用方法： 樱桃一般直接食用或者做果汁，也可以用来做菜，装饰性很好。

23. 构树

拉丁名： *Broussonetia papyrifera* (Linnaeus) L'Heritier ex Ventenat

科属： 桑科构属

形态特征： 乔木，小枝密生柔毛。叶螺旋状排列，广卵形至长椭圆状卵形。花雌雄异株；雄花序为柔荑花序，雌花序球形头状。聚花果，成熟时橙红色，肉质。花期4～5月份，果期6～7月份。

生长习性： 不论平原、丘陵或山地都能生长，喜光，耐寒耐旱，较耐水湿，喜酸性土壤。

药用功效： 乳液、根皮、树皮、叶、果实及种子可入药，种子：补肾，强筋骨，明目，利尿；叶：清热，凉血，利湿，杀虫；皮：利尿消肿，祛风湿；乳：利水、消肿、解毒。

食用方法： 果酸甜，可直接食用，但需除去灰白色膜状宿萼及杂质。花洗净后和面粉拌匀，蒸煮后蘸酱吃。嫩芽叶开水焯烫后凉拌或做饺子馅。

24. 桑

拉丁名： *Morus alba* L.

科属： 桑科桑属

形态特征： 乔木或为灌木。叶卵形或广卵形。花单性，腋生或生于芽鳞腋内，与叶同时生出；雄花序下垂。聚花果卵状椭圆形，成熟时红色或暗紫色。花期4～5月份，果期5～8月份。

生长习性： 喜温暖湿润气候，稍耐阴。耐旱，不耐涝，耐瘠薄。对土壤的适应性强。

药用功效： 根皮、果实及枝条可入药。根皮：泻肺平喘，利尿消肿；果实：补肝益肾，滋阴补血，生津润肠，平熄内风；枝条：祛风湿，利关节。

食用方法： 果肉可生食，可酿酒。

25. 山茱萸

拉丁名： *Cornus officinalis* Sieb. et Zucc.

科属： 山茱萸科山茱萸属

形态特征： 落叶乔木或灌木。叶对生，纸质，卵状披针形或卵状椭圆形。伞形花序生于枝侧，花瓣舌状披针形，黄色。核果长椭圆形，红色至紫红色。花期 3 ～ 4 月份，果期 9 ～ 10 月份。

生长习性： 喜光，喜温暖而湿润的环境，也耐寒。

药用功效： 果肉可入药，补益肝肾，收涩固脱。

食用方法： 和枸杞的做法相似，可做粥、做饭、做菜，或者泡水喝。

26. 四照花

拉丁名： *Cornus kousa* subsp. *chinensis* (Osborn) Q. Y. Xiang

科属： 山茱萸科山茱萸属

形态特征： 落叶小乔木。叶纸质，对生，卵形或卵状椭圆形。头状花序近球形，生于小枝顶端，花序外有 2 对黄白色花瓣状大型苞片。果球形，紫红色。花期 5 ～ 6 月份，果期 8 ～ 10 月份。

生长习性： 喜温暖气候和阴湿环境，适生于肥沃而排水良好的土壤。

药用功效： 花、叶可入药，清热解毒，收敛止血。

食用方法： 果可鲜食、酿酒、制醋。

27. 君迁子

拉丁名： *Diospyros lotus* L.

科属： 柿科柿属

形态特征： 落叶乔木，冬芽先端尖。叶近膜质，椭圆形至长椭圆形。雄花腋生，簇生，带红色或淡黄色；雌花单生，淡绿色或带红色。果近球形或椭圆形，初熟时为淡黄色，后则变为蓝黑色，常被白色薄蜡层。花期5～6月份，果期10～11月份。

生长习性： 阳性树种，能耐半阴，抗寒抗旱的能力较强，也耐瘠薄的土壤。

药用功效： 果和种子可入药，清热、止渴。

食用方法： 果实（黑枣）去涩生食、煲汤、制糖，可酿酒、制醋。

28. 柿子

拉丁名: *Diospyros kaki* Thunb.

科属: 柿科柿属

形态特征: 落叶大乔木。叶纸质，卵状椭圆形至倒卵形或近圆形。花雌雄异株，花黄白色。果形多种，有球形、扁球形、球形而略呈方形、卵形，老熟时果肉柔软多汁，呈橙红色或大红色。花期 5 ～ 6 月份，果期 9 ～ 10 月份。

生长习性: 喜温暖气候，喜阳光充足和深厚、肥沃、湿润、排水良好的土壤，适生于中性土壤，较能耐寒，但较能耐瘠薄，抗旱性强，不耐盐碱土。

药用功效: 果实可入药，清热，润肺，生津，解毒。

食用方法: 果实常经脱涩后作水果，亦可加工制成柿饼、柿子酱等。

29. 枣

拉丁名： *Ziziphus jujuba* Mill.

科属： 鼠李科枣属

形态特征： 落叶小乔木，具 2 个托叶刺。叶纸质，卵形，卵状椭圆形，或卵状矩圆形。花黄绿色，两性，单生或 2 ～ 8 个密集成腋生聚伞花序。核果矩圆形或长卵圆形，成熟时红色，后变成红紫色。花期 5 ～ 7 月份，果期 8 ～ 9 月份。

生长习性： 喜光，耐干旱，耐盐碱，但怕风。常生长于海拔高度 1700 米以下的山区地带、丘陵地带或平原区。

药用功效： 枣仁和根均可入药，补中益气、养血安神、调和药性。

食用方法： 果实除供鲜食外，常可以制成蜜枣、红枣、熏枣、黑枣、酒枣及牙枣等蜜饯和果脯，还可以制作枣泥、枣面、枣酒、枣醋等，为食品工业原料。

30. 枳椇

拉丁名：*Hovenia acerba* Lindl.

科属：鼠李科枳椇属

形态特征：高大乔木，小枝褐色或黑紫色。叶互生，厚纸质至纸质，宽卵形、椭圆状卵形或心形。二歧式聚伞圆锥花序，顶生和腋生，被棕色短柔毛，花两性。浆果状核果近球形，成熟时黄褐色或棕褐色。花期5～7月份，果期8～10月份。

生长习性：喜光，抗旱，耐寒，又耐较瘠薄的土壤。

药用功效：树皮和种子可入药，种子：清热利尿，止咳除烦，解酒毒。树皮：活血，舒筋解毒。

食用方法：果序可食，可泡酒泡茶、蒸鸡肝、和猪心猪肺一起煲汤。

31. 番石榴

拉丁名： *Psidium guajava* L.

科属： 桃金娘科番石榴属

形态特征： 乔木，树皮片状剥落。叶片革质，长圆形至椭圆形。花单生或 2 ～ 3 朵排成聚伞花序，花白色。浆果球形、卵圆形或梨形。

生长习性： 适宜热带气候，常生长于荒地或低丘陵上。

药用功效： 叶、果实入药，收敛止泻，止血。

食用方法： 既可作新鲜水果生吃，也可煮食，或制作成果酱、果冻、酸辣酱等各种酱料。

32. 梧桐

拉丁名：*Firmiana simplex* (Linnaeus) W. Wight

科属：梧桐科梧桐属

形态特征：落叶乔木，树皮青绿色。叶心形，掌状 3 ～ 5 裂。圆锥花序顶生，花淡黄绿色。蓇葖果膜质，有柄。花期 6 月份。

生长习性：喜光，喜温暖湿润气候，耐寒性不强。

药用功效：茎、叶、花、果和种子均可入药，清热解毒。

食用方法：种子炒熟可食。

33. 银杏

拉丁名：*Ginkgo biloba* L.

科属：银杏科银杏属

形态特征：乔木。老时树冠广卵形，树皮深纵裂。一年生枝淡褐黄色，后变为灰色，并有细纵裂纹。枝有长短之分，短枝上的叶簇生，长枝上的叶螺旋状散生。叶片扇形，有长柄。雌雄异株，球花生于短枝顶的叶腋或苞腋，雄球花为柔荑花序，雌球花有长梗。种子核果状，有白粉，熟时有臭味。花期 3 ～ 4 月份，种子 9 ～ 10 月份成熟。

生长习性：为喜光树种，深根性，对气候、土壤的适应性较宽。

药用功效：种子和叶入药，敛肺气、定喘嗽、止带浊、缩小便、消毒杀虫。

食用方法：银杏果不能大量食用或生食，主要可炒食、烤食、煮食，作配菜，制作糕点、蜜饯、罐头、饮料和酒类。

34. 榆树

拉丁名： *Ulmus pumila* L.

科属： 榆科榆属

形态特征： 落叶乔木，在干瘠之地长成灌木状。幼树树皮平滑，灰褐色或浅灰色，大树树皮暗灰色，不规则深纵裂，粗糙。叶椭圆状卵形、长卵形、椭圆状披针形或卵状披针形，边缘具重锯齿或单锯齿。花先叶开放，在去年生枝的叶腋成簇生状。翅果近圆形。花果期3～6月份（东北较晚）。

生长习性： 阳性树种，喜光，耐旱，耐寒，耐瘠薄，不择土壤，适应性很强。

药用功效： 果实、树皮、叶、根可入药。果实：安神健脾；树皮和叶：安神，利小便。

食用方法： 翅果因圆薄似钱而被称为榆钱，可生吃、煮粥、笼蒸、做馅。

35. 花椒

拉丁名：*Zanthoxylum bungeanum* Maxim.

科属：芸香科花椒属

形态特征：落叶小乔木，茎干披粗壮皮刺。奇数羽状复叶，小叶对生，无柄，卵形、椭圆形、稀披针形，叶缘齿缝有油点。花序顶生或生于侧枝之顶，花黄绿色。果紫红色，散生微凸起的油点。花期 4 ~ 5 月份，果期 8 ~ 9 月份或 10 月份。

生长习性：耐旱，喜阳光，适宜在土壤松软的沙壤土地块种植。

药用功效：果皮、种子、枝、叶等均可入药，温中行气、逐寒、止痛、杀虫。

食用方法：果为中国特有的香料，位列调料“十三香”之首。无论红烧、卤味、小菜、四川泡菜、鸡鸭鱼羊牛等菜肴均可用到它，也可粗磨成粉和盐拌匀为椒盐，供蘸食用。

36. 黄皮

拉丁名： *Clausena lansium* (Lour.) Skeels

科属： 芸香科黄皮属

形态特征： 小乔木。小叶卵形或卵状椭圆形，常一侧偏斜。圆锥花序顶生，果圆形、椭圆形或阔卵形，淡黄至暗黄色，被细毛。花期 4 ～ 5 月份，果期 7 ～ 8 月份。

生长习性： 喜温暖、湿润、阳光充足的环境。对土壤要求不严。

药用功效： 果实可入药，行气、消食、化痰。

食用方法： 果实营养成分丰富，除鲜食外，还可加工制成果冻、果酱、果干、蜜饯等。

37. 金柑

拉丁名：*Citrus japonica* Thunb.

科属：芸香科金橘属

形态特征：树高 3 米以内；枝有刺。叶质厚，浓绿，卵状披针形或长椭圆形。单花或2～3朵花簇生。果椭圆形或卵状椭圆形，橙黄至橙红色，果皮味甜，果肉味酸。花期 3 ～ 5 月份，果期 10 ～ 12 月份。

生长习性：苗期和幼林期中性偏阴，成林后中性偏阳，喜温暖潮湿气候，喜肥，怕涝，忌旱，光照过强、曝晒易发生日烧病。

药用功效：果可入药，理气止咳、健胃、化痰。

食用方法：洗干净直接吃，也可以用干金柑泡茶、糖腌制金柑、切碎做成果酱。

38. 柠檬

拉丁名： *Citrus limon* (L.) Osbeck

科属： 芸香科柑橘属

形态特征： 小乔木，枝少刺或近于无刺。叶片厚纸质，卵形或椭圆形。单花腋生或少花簇生。果椭圆形或卵形，果皮厚，通常粗糙，果黄色，果汁酸至甚酸。花期 4 ～ 5 月份，果期 9 ～ 11 月份。

生长习性： 喜温暖，耐阴，不耐寒，也怕热，适宜在冬暖夏凉的亚热带地区栽培。

药用功效： 果可入药，生津止渴、去暑安胎。

食用方法： 果实可加工制成各种饮料、果酱、罐头等，还能作西餐的调味品。

39. 菝葜

拉丁名：*Smilax china* L.

科属：百合科菝葜属

形态特征：攀援灌木。叶薄革质或坚纸质，干后通常红褐色或近古铜色，圆形、卵形或其他形状。叶柄几乎都有卷须，脱落点位于靠近卷须处。伞形花序生于叶尚幼嫩的小枝上，常呈球形，花绿黄色。浆果熟时红色，有粉霜。花期 2 ～ 5 月份，果期 9 ～ 11 月份。

生长习性：生长于林下、灌丛中、路旁、河谷或山坡上。

药用功效：根茎可入药，利湿去浊，祛风除痹，解毒散瘀。

食用方法：根状茎可以提取淀粉供食用或用来酿酒。

40. 锦鸡儿

拉丁名： *Caragana sinica* (Buc’hoz) Rehd.

科属： 豆科锦鸡儿属

形态特征： 灌木，小枝无毛。羽状复叶，托叶三角形，硬化成针刺，叶轴脱落或硬化成针刺。花单生，花冠黄色，常带红色。荚果圆筒状。花期4～5月份，果期7月份。

生长习性： 喜光，耐寒，适应性强，耐旱，耐瘠薄，忌湿涝。

药用功效： 根皮可入药，祛风活血、舒筋、除湿利尿、止咳化痰。

食用方法： 花常用来与鸡蛋一起炒食。

41. 笃斯越橘

拉丁名： *Vaccinium uliginosum* L.

科属： 杜鹃花科越橘属

形态特征： 落叶灌木，幼枝有微柔毛。叶多数，散生，叶片纸质，倒卵形、椭圆形至长圆形。花下垂，1～3朵着生于去年生枝顶叶腋。浆果近球形或椭圆形，成熟时蓝紫色，被白粉。花期6月份，果期7～8月份。

生长习性： 适应性强，喜酸性土壤，喜湿润，抗旱性差。

药用功效： 果实可入药，抗氧化、保护视力、增加免疫力。

食用方法： 果实较大，酸甜，味佳，可用以酿酒及制果酱，也可制成饮料。

42. 南烛

拉丁名： *Vaccinium bracteatum* Thunb.

科属： 杜鹃花科越橘属

形态特征： 常绿灌木或小乔木，枝无毛。叶片薄革质，椭圆形、菱状椭圆形、披针状椭圆形至披针形。总状花序顶生和腋生，多花，序轴密被短柔毛，稀无毛。浆果熟时紫黑色，外面通常被短柔毛。花期6～7月份，果期8～10月份。

生长习性： 喜温暖湿润的生长环境，喜阳耐阴，耐干旱、耐贫瘠、耐寒，常见于山坡林内或灌木丛中。

药用功效： 果实可入药，强筋益气、固精。

食用方法： 果实成熟后酸甜，可食；采摘枝、叶渍汁浸米，煮成“乌饭”。

43. 胡颓子

拉丁名： *Elaeagnus pungens* Thunb.

科属： 胡颓子科胡颓子属

形态特征： 常绿直立灌木，具刺。叶革质，椭圆形或阔椭圆形，有叶柄。花白色或淡白色，下垂，密被鳞片，生于叶腋锈色短小枝上。果实椭圆形。花期 9 ～ 12 月份，果期次年 4 ～ 6 月份。

生长习性： 适应能力极强，喜温暖、湿润、光照足的生长环境。

药用功效： 根、叶、果实均可入药，根：祛风利湿，行瘀止血；叶：止咳平喘；果：消食止痢。

食用方法： 果实味甜，可生食，也可酿酒和熬糖。

44. 牛奶子

拉丁名：*Elaeagnus umbellata* Thunb.

科属：胡颓子科胡颓子属

形态特征：落叶直立灌木，具刺。叶纸质或膜质，椭圆形至卵状椭圆形或倒卵状披针形，有叶柄。花较叶先开放，黄白色，密被银白色盾形鳞片，单生或成对生于幼叶腋。果实近球形或卵圆形。花期 4 ～ 5 月份，果期 7 ～ 8 月份。

生长习性：生长于海拔 20 ～ 300 米向阳的林缘、灌木丛中、荒坡上和沟边。

药用功效：果实、根和叶可入药，清热止咳，利湿解毒。

食用方法：果实可生食，制果酒、果酱等。

45. 中国沙棘

拉丁名：*Hippophae rhamnoides* subsp. *sinensis* Rousi

科属：胡颓子科沙棘属

形态特征：落叶灌木或乔木，棘刺较多。单叶通常近对生，纸质，狭披针形或矩圆状披针形。果实圆球形，橙黄色或橘红色。花期4～5月份，果期9～10月份。

生长习性：喜光，耐寒，耐酷热，耐风沙及干旱气候。对土壤适应性强。

药用功效：果实可入药，祛痰止咳、消食化滞、活血散瘀。

食用方法：果实可供鲜食，也可做成果酱、果汁、果酒等。

46. 木芙蓉

拉丁名： *Hibiscus mutabilis* L.

科属： 锦葵科木槿属

形态特征： 落叶灌木或小乔木，小枝、叶柄、花梗和花萼均密被星状毛与直毛相混的细绵毛。叶宽卵形至圆卵形或心形。花单生于枝端叶腋间，花初开时白色或淡红色，后变深红色。蒴果扁球形，被淡黄色刚毛和绵毛。花期 8 ～ 10 月份。

生长习性： 喜光，稍耐阴，喜温暖湿润气候，不耐寒。

药用功效： 花叶供药用，凉血、解毒、消肿、止痛。

食用方法： 芙蓉花可以用来煎蛋、煮粥、炖汤、泡茶。

47. 木槿

拉丁名：*Hibiscus syriacus* L.

科属：锦葵科木槿属

形态特征：落叶灌木。叶菱形至三角状卵形，边缘具不整齐齿缺。花单生于枝端叶腋间，花淡紫色。蒴果卵圆形，密被黄色星状绒毛。花期7～10月份。

生长习性：环境的适应性很强，喜光和温暖潮润的气候。

药用功效：花、果、根、叶和皮均可入药，清热、凉血、利湿。

食用方法：花可用来泡茶、煮粥、炖肉、做饼，也可以玉米面蒸木槿花。

48. 木茼蒿

拉丁名： *Argyranthemum frutescens* (L.) Sch.-Bip

科属： 菊科木茼蒿属

形态特征： 灌木。叶宽卵形、椭圆形或长椭圆形，二回羽状分裂。头状花序多数，在枝端排成不规则的伞房花序，有长花梗。两性花瘦果。花果期 2 ～ 10 月份。

生长习性： 喜凉爽、湿润环境，喜肥，忌高温。

药用功效： 茎叶入药，消食开胃、通便利腑、清血养心、润肺化痰。

食用方法： 小苗或嫩茎叶供清炒、熬汤。

49. 蜡梅

拉丁名： *Chimonanthus praecox* (L.) Link

科属： 蜡梅科蜡梅属

形态特征： 落叶灌木。叶纸质至近革质，卵圆形、椭圆形、宽椭圆形至卵状椭圆形。花着生于第二年生枝条叶腋内，先花后叶。果托近木质化，坛状或倒卵状椭圆形，口部收缩。花期 11 月至翌年 3 月份，果期 4 ～ 11 月份。

生长习性： 喜阳光，能耐阴、耐寒、耐旱，忌渍水。

药用功效： 花蕾、根、根皮可入药，花蕾：解暑生津，开胃散郁，止咳；根：祛风，解毒，止血；根皮：外用治刀伤出血。

食用方法： 花蕾可以直接用沸水冲泡代茶饮，也可炖鱼、炖肉、炖豆腐或煮粥。

50. 茉莉花

拉丁名： *Jasminum sambac* (L.) Aiton

科属： 木犀科素馨属

形态特征： 直立或攀援灌木。叶对生，单叶，叶片纸质，圆形、椭圆形、卵状椭圆形或倒卵形。聚伞花序顶生，花冠白色。果球形呈紫黑色。花期 5 ～ 8 月份，果期 7 ～ 9 月份。

生长习性： 喜温暖湿润、通风良好、半阴环境。

药用功效： 花、叶可入药，清肝明目、生津止渴、祛痰治痢、通便利水、祛风解表。

食用方法： 花瓣可以用来制作花茶，也可以用来做菜，比如茉莉花清炖豆腐、茉莉花炒鸡蛋、茉莉花炖汤煮粥之类。

51. 鸡矢藤

拉丁名： *Paederia foetida* L.

科属： 茜草科鸡矢藤属

形态特征： 藤状灌木。叶对生，膜质，卵形或披针形。圆锥花序腋生或顶生，花冠紫蓝色，常被绒毛。小坚果膜质或革质，背面压扁。顶部冠以圆锥形的花盘和微小宿存的萼檐裂片。花期 5 ～ 6 月份。

生长习性： 喜温暖湿润的环境，生长于低海拔的疏林内。

药用功效： 全草及根和果实均可入药，祛风利湿，止痛解毒，消食化积，活血消肿。

食用方法： 一般用来做鸡矢藤饼，叶洗净后磨成细碎状，晒干再与泡好的糯米同磨成湿粉，然后把湿粉、红糖（或白糖）、水等调成面团，煮熟加入糯米干粉，再用传统饼格压制成寓意吉祥美满的不同形状的饼。制成后，再用蒸笼猛火蒸 10 分钟后即可出炉。也可以用于炖汤。

52. 栀子

拉丁名：*Gardenia jasminoides* Ellis.

科属：茜草科栀子属

形态特征：灌木。叶对生或3枚轮生，革质，通常为长圆状披针形、倒卵状长圆形、倒卵形或椭圆形。花芳香，单朵生于枝顶，花白色或乳黄色，高脚碟状。果卵形、近球形、椭圆形或长圆形，黄色或橙红色。花期3～7月份，果期5月至翌年2月份。

生长习性：喜温暖湿润气候；不耐寒。幼苗耐荫蔽，成年植株喜阳光。

药用功效：叶、花、根、果可入药，泻火除烦、清热利尿、凉血解毒。

食用方法：栀子仁煮粥，栀子花可泡茶或凉拌，也可以炒小竹笋或鸡肉之类。

53. 白鹃梅

拉丁名： *Exochorda racemosa* (Lindl.) Rehd.

科属： 蔷薇科白鹃梅属

形态特征： 灌木。叶片椭圆形、长椭圆形至长圆倒卵形，不具托叶。总状花序，花白色。蒴果倒圆锥形。花期 5 月份，果期 6 ～ 8 月份。

生长习性： 喜光，也耐半阴，适应性强，耐干旱瘠薄土壤，有一定耐寒性。

药用功效： 花、叶、根皮和树皮可入药，花、叶：益肝明目、提高人体免疫力、抗氧化；根皮、树皮：缓解腰骨酸痛。

食用方法： 嫩叶和花蕾可鲜食、炒食、做汤、凉拌。花蕾还可以用来蒸花糕，做点心尤为受人欢迎。焯水晒干后可用来炖肉、蒸鱼、煮汤、做馅等。

54. 多腺悬钩子

拉丁名： *Rubus phoenicolasius* Maxim.

科属： 蔷薇科悬钩子属

形态特征： 灌木，枝密生红褐色刺毛、腺毛和稀疏皮刺。小叶卵形、宽卵形或菱形。短总状花序顶生或部分腋生。果实半球形，红色，无毛，花期 5 ～ 6 月份，果期 7 ～ 8 月份。

生长习性： 生长于低海拔至中海拔的林下、路旁或山沟谷底。

药用功效： 根、叶可入药，根：活血，止血，祛风利湿；叶子：消肿解毒。

食用方法： 果是一种酸甜爽口的浆果，成熟后洗净可直接吃，也可用来做果汁、果酱、果脯。

55. 金樱子

拉丁名： *Rosa laevigata* Michx.

科属： 蔷薇科蔷薇亚属

形态特征： 常绿攀援灌木，小枝粗壮，散生扁弯皮刺。小叶革质，椭圆状卵形、倒卵形或披针状卵形。花单生于叶腋，花白色。果梨形、倒卵形，紫褐色。花期 4 ～ 6 月份，果期 7 ～ 11 月份。

生长习性： 喜温暖湿润、阳光充足的环境。生长于向阳多石山坡灌木丛中。

药用功效： 果可入药，固精、缩尿、涩肠、止泻。

食用方法： 果实可作为水果直接食用，或晒干或新鲜的果实均可用来泡水喝，和杜仲、猪尾巴一起煲汤；亦可熬糖及酿酒。

56. 毛叶木瓜

拉丁名： *Chaenomeles cathayensis* (Hemsl.) Schneid.F

科属： 蔷薇科木瓜属

形态特征： 落叶灌木至小乔木，枝条具短枝刺。叶片椭圆形、披针形至倒卵披针形。花先叶开放，2 ～ 3 朵簇生于二年生枝上，花淡红色或白色。果实卵球形或近圆柱形，黄色有红晕。花期 3 ～ 5 月份，果期 9 ～ 10 月份。

生长习性： 喜温暖湿润和阳光充足的环境，有一定的耐寒性，有很好的抗旱能力，虽喜湿润但怕水涝。

药用功效： 果实可入药，舒筋活络、祛风止痛。

食用方法： 果可直接生着吃，但是口感不是特别好，所以常做成蜜饯。有一道老北京的有名小吃叫作冻海棠。也可以制成干果，配上蜂蜜吃。

57. 毛樱桃

拉丁名： *Prunus tomentosa* Thunb.

科属： 蔷薇科李属

灌木，稀呈小乔木状。叶片卵状椭圆形或倒卵状椭圆形。花单生或2朵簇生，花叶同开，近先叶开放或先叶开放，花白色或粉红色。核果近球形，红色。花期4～5月份，果期6～9月份。

生长习性： 喜光、喜温、喜湿、喜肥，生于山坡林中、林缘、灌木丛中或草地。

药用功效： 果：补中益气，健脾祛湿；种子（郁李仁）：润燥滑肠，下气，利水。

食用方法： 果实微酸甜，可生食或制罐头，樱桃汁可制糖浆、糖胶及果酒；核仁可榨油，似杏仁油。

58. 玫瑰

拉丁名： *Rosa rugosa* Thunb.

科属： 蔷薇科蔷薇属

形态特征： 直立灌木，茎丛生。小枝有针刺、腺毛和皮刺，小叶片椭圆形或椭圆状倒卵形。花单生于叶腋，或数朵簇生，花紫红色至白色。果扁球形，砖红色，肉质。花期5～6月份，果期8～9月份。

生长习性： 喜阳光充足，耐寒、耐旱，适宜排水良好、疏松肥沃的壤土或轻壤土。

药用功效： 花蕾可入药，理气解郁、和血散淤。

食用方法： 花瓣可以制饼馅、玫瑰酒、玫瑰糖浆，干制后可以泡茶。

59. 缫丝花

拉丁名： *Rosa roxburghii* Tratt.

科属： 蔷薇科蔷薇属

形态特征： 开展灌木，小枝有基部稍扁而成对皮刺。小叶片椭圆形或长圆形，叶轴和叶柄有散生小皮刺。花单生，生于短枝顶端，花瓣重瓣至半重瓣，淡红色或粉红色。果扁球形，外面密生针刺。花期 5 ～ 7 月份，果期 8 ～ 10 月份。

生长习性： 喜温暖湿润环境，生于海拔 500 ～ 2500 米的向阳山坡、沟谷、路旁以及灌木丛中。

药用功效： 根及果可入药，健胃，消食。

食用方法： 果作为水果的一种，可鲜食、腌渍或酿酒。

60. 野蔷薇

拉丁名： *Rosa multiflora* Thunb.

科属： 蔷薇科蔷薇属

形态特征： 攀援灌木；小枝圆柱形，通常无毛，有短、粗稍弯曲皮束。小叶片倒卵形、长圆形或卵形。花多朵，排成圆锥状花序，花瓣白色，宽倒卵形，先端微凹，基部楔形。果近球形，红褐色或紫褐色。

生长习性： 喜光，耐半阴，耐寒，耐瘠薄，忌低洼积水。对土壤要求不严，在黏重土壤中也可正常生长。

药用功效： 花、果实、根茎可入药，根茎为收敛药；花：芳香理气；果实：利尿、通经、治水肿。

食用方法： 干花或鲜花都可泡茶、食用或者酿酒。早春采摘嫩茎叶，焯水后，加入调料制成凉拌菜，还可以和鱼、大米等食材混合蒸煮，不但味道鲜美，还能清暑化湿、顺气和胃、强健身体。

61. 月季花

拉丁名： *Rosa chinensis* Jacq.

科属： 蔷薇科蔷薇属

形态特征： 直立灌木，小枝近无毛，有短粗的钩状皮刺或无刺。小叶片宽卵形至卵状长圆形，边缘有锐锯齿。花几朵集生，稀单生，花红色、粉红色至白色。果卵球形或梨形。花期4～9月份，果期6～11月份。

生长习性： 适应性强，耐寒耐旱，喜日照充足、空气流通、排水良好而避风的环境。

药用功效： 花、根、叶均可入药，活血调经、消肿解毒、疏肝解郁。

食用方法： 花蕾可用于泡茶、煮粥或者煲汤。

62. 掌叶覆盆子

拉丁名： *Rubus chingii* Hu

科属： 蔷薇科悬钩子属

形态特征： 藤状灌木。单叶，近圆形，两面仅沿叶脉有柔毛或几无毛。单花腋生，花白色。果实近球形，红色，密被灰白色柔毛。花期3～4月份，果期5～6月份。

生长习性： 生长于低海拔至中海拔地区，在山坡、路边向阳处或阴处灌木丛中常见。

药用功效： 果实和根可入药，果实：补肝益肾，固精缩尿，明目；根：止咳、活血、消肿。

食用方法： 果实除鲜食外，还可制作饮料、果酒、果酱、糕点、糖果、奶制品、茶饮等多种食品。

63. 皱皮木瓜

拉丁名： *Chaenomeles speciosa* (Sweet) Nakai

科属： 蔷薇科木瓜属

形态特征： 落叶灌木，枝条有刺。叶片卵形至椭圆形。花先叶开放，3～5朵簇生于二年生老枝上，花猩红色，稀淡红色或白色。果实球形或卵球形，黄色或带黄绿色，有稀疏不显明斑点。花期3～5月份，果期9～10月份。

生长习性： 喜光，对土壤要求严格，最好种植在质地肥沃、有腐殖质的土壤中。

药用功效： 果可入药，舒肝和胃，除湿止痛。

食用方法： 果可以用来煮食、泡酒或者做成果脯和零食。

64. 枸杞

拉丁名： *Lycium chinense* Miller

科属： 茄科枸杞属

形态特征： 多分枝灌木。叶纸质，单叶互生或2～4枚簇生，卵形、卵状菱形、长椭圆形、卵状披针形。花在长枝上单生或双生于叶腋，在短枝上则同叶簇生。浆果红色，卵状。花果期6～11月份。

生长习性： 喜冷凉气候，耐寒力很强。

药用功效： 果实、根皮可入药，滋肝补肾、益精明目、解热止咳。

食用方法： 晒干或新鲜果实可用于泡水，也可煮粥、炒菜或炖汤，比如枸杞玉米羹、枸杞炖羊肉、枸杞炒蘑菇。

65. 接骨木

拉丁名： *Sambucus williamsii* Hance

科属： 忍冬科接骨木属

形态特征： 落叶灌木或小乔木。羽状复叶有小叶 2 ～ 3 对，侧生小叶片卵圆形、狭椭圆形至倒矩圆状披针形，顶生小叶卵形或倒卵形。花与叶同出，圆锥形聚伞花序顶生，花冠花蕾时带粉红色，开后白色或淡黄色。果实红色，极少蓝紫黑色。花期一般 4 ～ 5 月份，果熟期 9 ～ 10 月份。

生长习性： 适应性强，喜光，耐寒，耐旱，喜肥沃疏松的土壤。

药用功效： 茎枝、根皮、花、叶可入药，茎枝：祛风、利湿、活血、止痛；根皮：祛风除湿，活血舒筋，利尿消肿；叶：活血、行淤、止痛；花：发汗、利尿。

食用方法： 果实可用来制作蜜饯、提神饮料、葡萄酒和沙司；花能给果冻、蜜饯、葡萄酒等增添一种麝香葡萄的味道；花可以和醋栗一起搭配食用，还可以将花蘸上稀面糊后煎炸，撒上糖后食用。

66. 薜荔

拉丁名： *Ficus pumila* L.

科属： 桑科榕属

形态特征： 攀援或匍匐灌木。叶两型，不结果枝节上生不定根，叶卵状心形，薄革质，有叶柄。榕果单生于叶腋，瘿花果梨形，果成熟黄绿色或微红，有黏液。花果期5～8月份。

生长习性： 耐贫瘠，抗干旱，对土壤要求不严格，适应性强，幼株耐阴。

药用功效： 藤叶可入药，祛风除湿、活血通络、解毒消肿。

食用方法： 瘦果可以用于制作凉粉或者炖猪蹄。

67. 无花果

拉丁名： *Ficus carica* L.

科属： 桑科榕属

形态特征： 落叶灌木。叶互生，厚纸质，广卵圆形。雌雄异株，雄花和瘿花同生于一榕果内壁，雄花生于内壁口部。榕果单生于叶腋，大而梨形，成熟时紫红色或黄色。花果期 5 ～ 7 月份。

生长习性： 喜光，喜肥，不耐寒，不抗涝，抗旱，喜欢温暖湿润的环境。

药用功效： 果、叶均可入药，健胃清肠，消肿解毒。

食用方法： 果除鲜食外，还可加工成果干、果脯、果汁和用果汁酿酒等。

68. 柘

拉丁名： *Maclura tricuspidata* Carriere

科属： 桑科柘属

形态特征： 落叶灌木或小乔木，有长刺，叶卵形或菱状卵形。雌雄异株，球形头状花序。聚花果近球形。花期5～6月份，果期6～7月份。

生长习性： 适应性很强，生长于阳光充足的荒地和路旁。

药用功效： 根皮可入药，清热凉血，舒筋活络。

食用方法： 果可生食或酿酒。

69.山茶

拉丁名： *Camellia japonica* L.

科属： 山茶科山茶属

形态特征： 灌木或小乔木。叶革质，椭圆形。花顶生，红色，蒴果圆球形。花期 1 ～ 4 月份。

生长习性： 喜温暖、湿润和半阴环境。怕高温，忌烈日。

药用功效： 花、叶、根可入药，收敛、止血、凉血、调胃、理气、散瘀、消肿。

食用方法： 去掉雌雄蕊的山茶瓣按花色配制成各色沙拉点心，或与鲜嫩仔鸡或瘦肉片进行烹调，也可以用白山茶、红山茶瓣拖（沾）油或拖（沾）面油煎后糁（蘸）糖可食用，与米（面）可制成茶花饼等。种子榨油可供食用。

70. 神秘果

拉丁名：*Synsepalum dulcificum* (Schumach. &Thonn.) Daniell

科属：山榄科神秘果属

形态特征：多年生常绿灌木。叶互生，琵琶形或倒卵形，革质。白色小花，单生或簇生于枝条叶腋间。单果着生，成熟时鲜红色。2～3月份、5～6月份、7～8月份开花，4～5月份、7～8月份、9～11月份果实成熟。

生长习性：喜高温、高湿气候，有一定的耐寒耐旱能力，适宜热带、亚热带低海拔潮湿地区生长。

药用功效：果可入药，改变味觉（这个果实可以让酸度比较高的水果味道转化成甘甜的味道）、降三高（高血压、高血脂、高血糖）、增强免疫力。

食用方法：熟果可生食、制果汁、制成浓缩剂、冰棒等，种子可生食及制成浓缩剂。

71. 石榴

拉丁名： *Punica granatum* L.

科属： 石榴科石榴属

形态特征： 落叶灌木或乔木，枝顶常成尖锐长刺。叶通常对生，纸质，矩圆状披针形。花大，1～5朵生于枝顶，花红色、黄色或白色。浆果近球形，通常为淡黄褐色或淡黄绿色，有时白色，稀暗紫色。

生长习性： 喜温暖潮湿、阳光充足、通风良好的环境，耐旱、耐寒、耐肥，忌水渍涝害。

药用功效： 叶、根皮、花均可入药。叶：收敛止血，解毒杀虫；根皮：涩肠止泻、止血、驱虫；花：凉血、止血。

食用方法： 肉质的外种皮供食用，可直接吃，或榨汁、酿果酒、煮粥。

72. 酸枣

拉丁名： *Ziziphus jujuba var. spinosa* (Bunge) Hu ex H.F.Chow.

科属： 鼠李科枣属

形态特征： 灌木，叶较小，核果小，近球形或短矩圆形，具薄的中果皮，味酸，核两端钝。花期 6 ～ 7 月份，果期 8 ～ 9 月份。

生长习性： 喜温暖干燥气候，耐旱，耐寒，耐碱。常生于向阳、干燥山坡、丘陵、岗地或平原。

药用功效： 种子可入药，养心补肝，宁心安神，敛汗，生津。

食用方法： 果实肉薄，但含有丰富的维生素 C，生食或制作果酱、果汁、果酒之类。

73. 佛手

拉丁名： *Citrus medica var. sarcodactylis*(Noot.) Swingle

科属： 芸香科柑橘属

形态特征： 不规则分枝的灌木或小乔木，茎枝多刺。单叶，稀兼有单数复叶，则有关节，但无翼叶，叶片椭圆形或卵状椭圆形。总状花序，花两性，有单性花趋向，雌蕊退化。果实手指状肉条形，果皮淡黄色，粗糙。花期 4 ～ 5 月份，果期 10 ～ 11 月份。

生长习性： 喜温暖湿润、阳光充足的环境，不耐严寒、怕冰霜及干旱，耐阴，耐瘠，耐涝。

药用功效： 根、茎、叶、花、果均可入药，理气化痰、止呕消胀、舒肝健脾、和胃。

食用方法： 切片直接吃、煮粥、清炒，或者和猪肝等其他食材搭配炖汤。

藤本类

74. 扁豆

拉丁名： *Lablab purpureus* (L.) Sweet

科属： 豆科扁豆属

形态特征： 多年生、缠绕藤本。羽状复叶具3小叶；托叶基生，披针形。总状花序直立，花冠白色或紫色，旗瓣圆形，荚果长圆状镰形。花期4～12月份。

生长习性： 耐旱力强，对各种土壤适应性好。

药用功效： 白花和白色种子入药，消暑除湿，健脾止泻。

食用方法： 嫩荚是普通蔬菜，干煸、清炒、炒肉都可以。

75.葛

拉丁名： *Pueraria montana* (Loureiro) Merrill

科属： 豆科葛属

形态特征： 粗壮藤本，全体被黄色长硬毛，茎基部木质，有粗厚的块状根。羽状复叶具3小叶。总状花序中部以上有颇密集的花，花2～3朵聚生于花序轴的节上。荚果长椭圆形。花期9～10月份，果期11～12月份。

生长习性： 喜温暖湿润的气候，常生长在草坡灌木丛、疏林地及林缘等处。

药用功效： 块根可入药，发汗，退热，生津，透疹，升阳止泻。

食用方法： 采嫩茎、嫩叶炒食或做汤吃。块根洗净，舂碎，在冷水中揉洗，除去渣滓后可沉淀成淀粉，煮吃或制作凉粉。根块用水浸泡后也可蒸食。

76. 紫藤

拉丁名: *Wisteria sinensis* (Sims) Sweet

科属: 豆科紫藤属

形态特征: 落叶藤本。茎左旋，枝较粗壮。奇数羽状复叶，小叶纸质，卵状椭圆形至卵状披针形。总状花序发自去年生短枝的腋芽或顶芽，花紫色。荚果倒披针形，密被绒毛，悬垂枝上不脱落。花期 4 月中旬至 5 月上旬，果期 5 ～ 8 月份。

生长习性: 对气候和土壤的适应性强，较耐寒，能耐水湿及瘠薄土壤，喜光，较耐阴。

药用功效: 花、茎、叶、根、紫藤瘤、种子皆可入药，花：利小便；茎、叶、根、瘤：杀虫、止痛、解毒、止吐泻；种子：杀虫、防腐。

食用方法: 花可以用来做紫藤糕、紫藤粥、炸紫藤鱼，还可以炒菜或者焯熟凉拌。

77. 佛手瓜

拉丁名： *Sechium edule* (Jacq.) Swartz

科属： 葫芦科佛手瓜属

形态特征： 具块状根的多年生宿根草质藤本，茎攀援或人工架生。叶片膜质，近圆形。雌雄同株。雄花 10 ～ 30 朵生于 8 ～ 30 厘米长的总花梗上部成总状花序。果实淡绿色，倒卵形。花期 7 ～ 9 月份，果期 8 ～ 10 月份。

生长习性： 喜温暖，但不耐热，也不耐霜，属短日照植物，在长日照下不能开花结果。

药用功效： 果实可入药，理气和中、疏肝止咳。

食用方法： 果实作蔬菜。鲜瓜可切片、切丝，荤炒、素炒、凉拌，做汤、涮火锅、优质饺子馅等。还可加工成腌制品或做罐头。在国外，佛手瓜以蒸制、烘烤、油炸、嫩煎等方法食用。

78. 绞股蓝

拉丁名： *Gynostemma pentaphyllum* (Thunb.) Makino

科属： 葫芦科绞股蓝属

形态特征： 多年生草质攀援植物；茎细弱，具纵棱及槽。叶膜质或纸质，鸟足状。花雌雄异株，雄花圆锥花序，花冠淡绿色或白色。果实肉质不裂，球形，成熟后黑色。花期 3 ～ 11 月份，果期 4 ～ 12 月份。

生长习性： 喜荫蔽环境，生长在山地林下、水沟旁、山谷阴湿处。

药用功效： 全株可入药，益气健脾、化痰止咳、清热解毒。

食用方法： 嫩叶、嫩芽可泡茶、凉拌、炖汤。

79. 栝楼

拉丁名： *Trichosanthes kirilowii* Maxim.

科属： 葫芦科栝楼属

形态特征： 攀援藤本，块根圆柱状，粗大肥厚，淡黄褐色。叶片纸质，轮廓近圆形。花雌雄异株。雄总状花序单生，或与单花并生，花冠白色。雌花单生，被短柔毛。果实椭圆形或圆形，成熟时黄褐色或橙黄色。花期 5 ~ 8 月份，果期 8 ~ 10 月份。

生长习性： 喜温暖潮湿气候。较耐寒，不耐干旱。常生于山坡林下、灌木丛中、草地和村旁田边。

药用功效： 果实、果皮、种子、块根均可入药，清热涤痰、宽胸散结、润燥滑肠。

食用方法： 新鲜的栝楼可以用来和莴笋或者萝卜一起炒食，还可以煮粥。

80. 萝藦

拉丁名： *Cynanchumrostellatum* (Turcz.) Liede& Khanum

科属： 萝藦科萝藦属

形态特征： 多年生草质藤本，具乳汁。叶膜质，卵状心形，叶柄顶端具丛生腺体。总状式聚伞花序腋生或腋外生，具长总花梗。蓇葖果双生，纺锤形。花期 7 ～ 8 月份，果期 9 ～ 12 月份。

生长习性： 生长于林边荒地、山脚、河边、路旁灌木丛中。

药用功效： 全株或根可入药，补精益气，通乳，解毒。

食用方法： 果实成熟后去掉外壳，吃果仁，果仁也能够凉拌、炒食、油炸和炖汤等。

81. 中华猕猴桃

拉丁名： *Actinidia chinensis* Planch.

科属： 猕猴桃科猕猴桃属

形态特征： 大型落叶藤本。叶纸质，倒阔卵形至倒卵形或阔卵形至近圆形。聚伞花序1～3朵花，花初放时白色，开放后变淡黄色。果黄褐色，近球形、圆柱形、倒卵形或椭圆形，被茸毛、长硬毛或刺毛状长硬毛，成熟时秃净或不秃净。

生长习性： 生长于海拔200～600米低山区的山林中，一般多出现于高草灌丛、灌木林或次生疏林中，喜欢腐殖质丰富、排水良好的土壤。

药用功效： 整株均可入药，活血化瘀、清热解毒、利湿祛风。

食用方法： 果实除鲜食外，也可以加工成各种食品和饮料，如果酱、果汁、罐头、果脯、果酒、果冻等，国外果实制成沙拉、沙司等甜点。

82. 华中五味子

拉丁名： *Schisandra sphenanthera* Rehder& E. H. Wilson

科属： 木兰科五味子属

形态特征： 落叶木质藤本。叶纸质，倒卵形、宽倒卵形，或倒卵状长椭圆形，有时圆形，很少椭圆形。花生于近基部叶腋，花橙黄色。聚合果成熟后深红色。花期 4 ～ 7 月份，果期 7 ～ 9 月份。

生长习性： 喜光，较耐阴，耐寒性强，多生长于湿润山坡边或灌木丛中。

药用功效： 果可入药，收敛，滋补，生津，止泻。

食用方法： 果属于日常补益食材，一般干果常用于泡茶、泡酒、煮粥或者炖肉。

83. 木通

拉丁名： *Akebia quinata* (Houttuyn) Decaisne

科属： 木通科木通属

形态特征： 落叶木质藤本。掌状复叶互生或在短枝上簇生，小叶纸质，倒卵形或倒卵状椭圆形。伞房花序式的总状花序腋生，雄花淡紫色，兜状阔卵形，雌花萼片暗紫色，阔椭圆形至近圆形。浆果成熟时紫色，纵裂。花期 4 ～ 5 月份，果期 6 ～ 8 月份。

生长习性： 喜阴湿，较耐寒。常生长在低海拔山坡林下草丛中。

药用功效： 茎、根和果实可入药，利尿、通乳、消炎。

食用方法： 鲜果味甜可直接吃，也可以拌糖煮着吃，果皮晒干切丝泡茶，果切丝和瘦肉胡萝卜炒食。

84. 葡萄

拉丁名： *Vitis vinifera* L.

科属： 葡萄科葡萄属

形态特征： 木质藤本。叶卵圆形，托叶早落。圆锥花序密集或疏散，多花，与叶对生。果实球形或椭圆形。花期4～5月份，果期8～9月份。

生长习性： 喜光，喜温，耐寒能力较差。

药用功效： 果可入药，补气血、生津液、健脾开胃、利尿消肿。

食用方法： 果实是一种水果，可直接生吃，也可制果汁、果酱、罐头、蜜饯等。

85. 乌蔹莓

拉丁名: *Cayratia japonica* (Thunb.) Raf.

科属: 葡萄科乌蔹莓属

形态特征: 草质藤本。叶为鸟足状5小叶，中央小叶长椭圆形或椭圆披针形。花序腋生，复二歧聚伞花序，花盘发达，果实近球形。花期3～8月份，果期8～11月份。

生长习性: 生长于山谷林中或山坡灌丛。

药用功效: 全株入药，凉血解毒、利尿消肿。

食用方法: 嫩叶焯水后可凉拌，也可以用来炖肉。

86. 茜草

拉丁名：*Rubia cordifolia* L.

科属：茜草科茜草属

形态特征：草质攀援藤木，茎有棱，棱有倒生皮刺。叶通常4片轮生，纸质，披针形或长圆状披针。聚伞花序腋生和顶生，花冠淡黄色，干时淡褐色。果球形，成熟时橘黄色。花期8～9月份，果期10～11月份。

生长习性：喜温暖湿润气候。适应性较强，生长于疏林、林缘、灌木丛或草地上。

药用功效：根和根茎可入药，凉血活血，祛瘀，通经。

食用方法：晒干后的根或根茎通常用于炖汤，比如炖猪蹄或者章鱼汤，也可以制成中药保健茶。

87. 清风藤

拉丁名：*Sabia japonica* Maxim.

科属：清风藤科清风藤属

形态特征：落叶攀援木质藤本，老枝常留有木质化单刺状或双刺状的叶柄基部。叶近纸质，卵状椭圆形、卵形或阔卵形。花先叶开放，单生于叶腋，花淡黄绿色。分果爿近圆形或肾形。花期2～3月份，果期4～7月份。

生长习性：喜阴凉湿润的气候。生长于山谷、林缘灌木林中。

药用功效：根茎或叶可入药，祛风利湿，活血解毒。

食用方法：晒干后的茎叶或根一般用来泡药酒。

88. 忍冬

拉丁名：*Lonicera japonica* Thunb.

科属：忍冬科忍冬属

形态特征：半常绿藤本。叶纸质，卵形至矩圆状卵形，有时卵状披针形，稀圆卵形或倒卵形，小枝上部叶通常两面均密被短糙毛，下部叶常平滑无毛而下面多少带青灰色。花白色，后变黄色。果实圆形，熟时蓝黑色，有光泽。花期 4 ～ 6 月份（秋季亦常开花），果熟期 10 ～ 11 月份。

生长习性：适应性很强，生于山坡灌木丛或疏林中、乱石堆、山足路旁及村庄篱笆边。

药用功效：花蕾可入药，清热解毒，消炎退肿。

食用方法：鲜花或干花可直接泡水饮用，也可以与百合、枸杞一起煮制百合枸杞金银花茶，还可以做金银花瘦肉粥、金银花莲子粥、金银花卷、银荷莲藕炒豆芽等。

半灌木类

89. 百里香

拉丁名： *Thymus mongolicus*(Ronniger) Ronniger

科属： 唇形科百里香属

形态特征： 半灌木。叶卵圆形，披腺点。花序头状，花紫红、紫或淡紫、粉红色。小坚果近圆形或卵圆形，压扁状。花期 7 ～ 8 月份。

生长习性： 喜温暖、光照充足和干燥的环境，对土壤的要求不高。

药用功效： 全株可入药，祛风解表，行气止痛，止咳，降压。

食用方法： 一般用于菜肴的腌制、肉类的腌制、酱汁的制作，同时也可以用于一些肉类菜肴的调味。

90. 牛至

拉丁名： *Origanum vulgare* L.

科属： 唇形科牛至属

形态特征： 多年生草本或半灌木。叶片卵圆形或长圆状卵圆形，上面亮绿色，常带紫晕两面披腺点。花序呈伞房状圆锥花序，开张，多花密集，由多数长圆状小穗状花序所组成，花冠紫红、淡红至白色，管状钟形。小坚果卵圆形。花期 7 ～ 9 月份，果期 10 ～ 12 月份。

生长习性： 喜温暖湿润气候，适应性较强。

药用功效： 全草可入药，解表、理气、清暑、利湿。

食用方法： 作为基本香料，供烹煮及烘烤肉类、肉饼、馅饼、炖菜类、瓦蒸锅类、鱼类、海鲜、蔬菜、色拉、面包、蛋类餐食等料理。

91. 黄花菜

拉丁名： *Hemerocallis citrina* Baroni

科属： 阿福花科萱草属

多年生草本。根近肉质，中下部常纺锤状。花葶长短不一，花梗较短，花多朵，花被淡黄色、橘红色、黑紫色。蒴果钝三棱状椭圆形，花果期 5 ～ 9 月份。

生长习性： 耐瘠、耐旱，常见于山坡、山谷、荒地或林缘。

药用功效： 全草可入药，散瘀消肿，祛风止痛，生肌疗疮。

食用方法： 新鲜黄花菜中含有秋水仙碱，可造成胃肠道中毒，故不能生食，吃之前先用开水焯熟，再用凉水浸泡 2 小时以上。黄花菜的花可以凉拌（应先焯熟）、煮粥、煲汤、炒制食用。

92. 百合

拉丁名： *Lilium brownii var. viridulum* Baker

科属： 百合科百合属

形态特征： 鳞茎球形，白色。叶倒披针形至倒卵形。花单生或几朵排成近伞形，花喇叭形，乳白色。蒴果矩圆形，有棱。花期 5 ～ 6 月份，果期 9 ～ 10 月份。

生长习性： 喜冷凉湿润气候，半阴的环境，耐寒力强，但耐热力较差。

药用功效： 地下鳞茎、种子和花均可入药，解毒，理脾健胃，止咳化痰。

食用方法： 鲜鳞茎可生食、炒熟后食用，百合片提取出的淀粉用开水冲成糊状可直接食用；干燥后的百合片可做甜食、熬粥，或制成芡粉做食品调料。

93. 黄精

拉丁名：*Polygonatumsibiricum*Redouté

科属：百合科黄精属

形态特征：多年生草本植物，根茎横生，肥大肉质，茎高 50 ～ 90 厘米。叶轮生，条状披针形，先端拳卷或弯曲成钩。白色花被，或顶端黄绿色的筒状花朵，花期 5 ～ 6 月份，果期 8 ～ 9 月份。

生长习性：生长于山地林下、灌木丛或山坡的半阴处。

药用功效：根茎可入药，补气养阴，健脾，润肺，益肾。

食用方法：根可用来泡酒，煮粥，炖鸡、鸭、鱼、肉，连汤带肉一起吃。新鲜黄精的根茎直接吃的话，其中所含有的黏液质成分，会对咽喉产生刺激，引起疼痛不适，因此，一般不建议吃新鲜黄精的根茎，一般用炮制过的熟黄精的根茎较多。

94. 韭

拉丁名：*Allium tuberosum* Rottler ex Sprengle

科属：百合科葱属

形态特征：具倾斜的横生根状茎。鳞茎簇生，近圆柱状。叶条形，扁平，实心，比花葶短。伞形花序半球状或近球状，具多但较稀疏的花，花白色。花果期 7 ～ 9 月份。

生长习性：适应性强，抗寒耐热，中国各地都有栽培。

药用功效：全草可入药，健胃，提神，止汗固涩。

食用方法：叶、花葶和花均可作蔬菜食用，炒食、烧烤、做馅料、做面点等。

95. 宽叶韭

拉丁名: *Allium hookeri* Thwaites

科属: 百合科葱属

形态特征: 多年生草本。鳞茎聚生，叶条形至宽条形，稀为倒披针状条形，比花葶短或近等长。花葶侧生，圆柱状，或略呈三棱柱状，伞形花序近球状，花白色，星芒状开展。花果期 8 ～ 9 月份。

生长习性: 适宜冷凉湿润气候，生长于海拔 1500 ～ 4000 米的湿润山坡或林下。

药用功效: 叶可入药，补肾、温中行气、散瘀、解毒。

食用方法: 幼苗嫩叶、嫩花葶和根均作蔬菜食用，幼苗嫩叶和嫩花葶可炒食、炖汤、煮食、蒸食、做馅或蘸酱。根可煮食、炒食或做盐渍腌菜。

96. 绵枣儿

拉丁名： *Barnardia japonica* (Thunb.) Schult. &Schult. f.

科属： 百合科绵枣儿属

形态特征： 鳞茎卵形或近球形。基生叶狭带状，柔软。总状花序，具多数花；花紫红色、粉红色至白色，小。果近倒卵形。花果期7～11月份。

生长习性： 适应性强，耐寒、耐旱并耐半阴，生长于山坡、草地、路旁或林缘。

药用功效： 鳞茎或全草可入药，活血止痛，解毒消肿，强心利尿。

食用方法： 常用的做法是新鲜鳞茎和红糖一起共煮熬制成粥，也可以蒸食，也有地方拿来作酿酒原料。

97. 薤白

拉丁名： *Allium macrostemon* Bunge

科属： 百合科葱属

形态特征： 鳞茎近球状。叶半圆柱状或三棱状半圆柱形，中空。伞形花序半球状至球状，具多而密集的花，或间具珠芽或有时全为珠芽，花淡紫色或淡红色。花果期 5 ～ 7 月份。

生长习性： 生长于海拔 1500 米以下的山坡、丘陵、山谷或草地上。

药用功效： 鳞茎可入药，通阳散结、行气导滞。

食用方法： 鳞茎作蔬菜食用，鲜鳞茎择洗干净，可蘸酱、做汤、做馅或炒食。

98. 萱草

拉丁名： *Hemerocallis fulva* (L.) L.

科属： 百合科萱草属

形态特征： 多年生草本。根近肉质，中下部有纺锤状膨大。叶基生，排成两列。花早上开晚上凋谢，无香味，橘红色至橘黄色，内花被裂片下部一般有∧形彩斑。花果期为 5 ～ 7 月份。

生长习性： 适应能力和耐寒性都很强，喜湿润、光照充足的环境。

药用功效： 根可入药，清热利尿，凉血止血。

食用方法： 新鲜花蕾焯熟后凉拌或者炒食。

99. 玉簪

拉丁名： *Hosta plantaginea* (Lam.) Aschers.

科属： 百合科玉簪属

形态特征： 多年生草本。叶卵状心形、卵形或卵圆形。花单生或2～3朵簇生，白色。蒴果圆柱状，有三棱。花果期8～10月份。

生长习性： 耐寒冷，喜阴湿环境，不耐强烈日光照射。

药用功效： 全草可入药。花：清咽、利尿、通经；根、叶：清热消肿、解毒止痛。

食用方法： 鲜花可供蔬食或作甜菜，煮粥非常不错。

100. 玉竹

拉丁名： *Polygonatum odoratum* (Mill.) Druce

科属： 百合科黄精属

形态特征： 多年生草本，地下根茎横走，黄白色，直径 0.5 ～ 1.3 厘米，密生多数细小的须根。茎单一，自一边倾斜，光滑无毛，具棱。叶互生，椭圆形至卵状矩圆形。花被黄绿色至白色，浆果蓝黑色。花期 5 ～ 6 月份，果期 7 ～ 9 月份。

生长习性： 耐寒且耐阴，适宜生长在潮湿环境中。

药用功效： 根状茎可入药，养阴润燥，生津止渴。

食用方法： 幼苗和地下根状茎为食用部分。嫩幼苗焯水后可素炒、与肉类炒食、作汤食、蘸酱作凉菜拌食。地下根状茎鲜品，洗净用水浸泡一下直接上笼屉蒸食。常见的吃法是玉竹根状茎糖醋排骨和玉竹根状茎炖鸡、鸭煲。

101. 狼尾花

拉丁名： *Lysimachia barystachys* Bunge

科属： 报春花科珍珠菜属

形态特征： 多年生草本。叶互生或近对生，长圆状披针形、倒披针形以至线形。总状花序顶生，花密集，常转向一侧。蒴果球形。花期 5 ～ 8 月份；果期 8 ～ 10 月份。

生长习性： 喜温暖，常生长于山坡林下及路旁。

药用功效： 全草入药，活血调经、散瘀消肿、解毒生肌、利水、降压。

食用方法： 嫩苗焯熟后可以作为野菜食用，可凉拌、炒食或做汤。

102. 车前

拉丁名： *Plantago asiatica* Ledeb.

科属： 车前科车前属

形态特征： 二年生或多年生草本。须根多数。叶基生呈莲座状，叶片薄纸质或纸质，宽卵形至宽椭圆形。穗状花序细圆柱状，花冠白色，无毛。蒴果纺锤状卵形、卵球形或圆锥状卵形。花期4～8月份，果期6～9月份。

生长习性： 适应性强，喜向阳、湿润的环境，耐寒、耐旱、耐涝。

药用功效： 种子及全草可入药，清热利尿，祛痰，凉血，解毒。

食用方法： 鲜嫩幼株或幼芽焯熟后可凉拌、炒食、煲汤、做饺子馅料。

103. 薄荷

拉丁名： *Mentha canadensis* L.

科属： 唇形科薄荷属

形态特征： 多年生草本。茎直立，高 30 ～ 60 厘米。叶片为披针形或椭圆形，边缘有粗大的锯齿，表面为淡绿色。轮伞花序腋生，轮廓球形，具梗或无梗。花萼管状钟形，外被微柔毛及腺点，内面无毛。花冠淡紫色。花期 7 ～ 9 月份，果期 10 月份。

生长习性： 适应性强，耐寒且好种植。喜欢光线明亮但不直接照射到阳光之处，同时要有丰润的水分。

药用功效： 全草可入药，疏散风热，清利头目，利咽透疹，疏肝行气。

食用方法： 新鲜嫩茎叶可以食用，也可榨汁，而且还可以冲茶和配酒，或作为调味剂和香料。

104. 丹参

拉丁名：*Salvia miltiorrhiza* Bunge

科属：唇形科鼠尾草属

形态特征：多年生直立草本。奇数羽状复叶，小叶卵圆形或椭圆状卵圆形或宽披针形。轮伞花序 6 花或多花，组成顶生或腋生总状花序。小坚果黑色，椭圆形。花期 4 ～ 8 月份，花后见果。

生长习性：喜气候温和、光照充足、空气湿润、土壤肥沃的环境。

药用功效：根茎可入药，活血调经、凉血消痈、安神。

食用方法：一般干制品用来炖汤或泡水。由于丹参有活血作用，孕妇不宜食用，会导致滑胎。

105. 地笋

拉丁名： *Lycopus lucidus* Turcz. ex Benth.

科属： 唇形科地笋属

形态特征： 多年生草本。根茎横走，具节。茎直立，四棱形，具槽，绿色，常于节上多少带紫红色。叶具极短柄或近无柄，长圆状披针形。轮伞花序无梗，轮廓圆球形，花冠白色，花盘平顶。小坚果倒卵圆状四边形，有腺点。花期 6 ～ 9 月份，果期 8 ～ 11 月份。

生长习性： 喜温暖湿润气候，耐寒，不怕水涝，喜肥。

药用功效： 根茎可入药，化瘀止血，益气利水。

食用方法： 春、夏季可采摘嫩茎叶凉拌、炒食、做汤。晚秋以后采挖出地下膨大的洁白色匐匍茎可鲜食或炒食，或做酱菜等，口味堪称野菜珍品。

106. 活血丹

拉丁名： *Glechoma longituba* (Nakai) Kupr.

科属： 唇形科活血丹属

形态特征： 多年生草本。叶草质，下部者较小，叶片心形或近肾形。轮伞花序，花冠淡蓝、蓝至紫色，下唇具深色斑点，冠筒直立，上部渐膨大成钟形。成熟小坚果深褐色。花期 4 ～ 5 月份，果期 5 ～ 6 月份。

生长习性： 生于林缘、疏林下、草地中、溪边等阴湿处。

药用功效： 全草可入药，利湿通淋、清热解毒、散瘀消肿。

食用方法： 嫩茎叶焯水后炒食。

107. 藿香

拉丁名：*Agastache rugosa* (Fisch. et Mey.) O. Ktze.

科属：唇形科藿香属

形态特征：多年生草本。茎直立，四棱形，上部被极短的细毛。叶心状卵形至长圆状披针形，边缘具粗齿，纸质，下面有微柔毛及点状腺体；轮伞花序多花，在主茎或侧枝上组成顶生密集的圆筒形穗状花序。花冠淡紫蓝色，花冠唇形。花期 6 ~ 9 月份，果期 9 ~ 11 月份。

生长习性：喜高温湿润和阳光充足的环境，地上部分不耐寒。

药用功效：全草可入药，化湿醒脾，辟秽和中，解暑，发汗。

食用方法：新鲜藿香嫩茎叶洗净以后可以做成凉拌菜、泡茶、榨汁，也可以把它与肉片和鸡蛋等食材搭配在一起炒着吃，更可以用来做汤。

108. 荔枝草

拉丁名： *Salvia plebeia* R. Br.

科属： 唇形科鼠尾草属

形态特征： 一年生或二年生草本。叶椭圆状卵圆形或椭圆状披针形，具齿。轮伞花序6花，多数，在茎、枝顶端密集组成总状或总状圆锥花序。花冠淡红、淡紫、紫、蓝紫至蓝色，稀白色。小坚果倒卵圆形。花期4～5月份，果期6～7月份。

生长习性： 生长于山坡、路旁沟边田野潮湿的土壤上。

药用功效： 全草可入药，清热，解毒，凉血，利尿。

食用方法： 鲜嫩的茎叶焯水后，可以炒食、凉拌或煲汤食用。

109. 留兰香

拉丁名： *Mentha spicata* L.

科属： 唇形科薄荷属

形态特征： 多年生草本。茎直立，高 40 ～ 130 厘米，钝四棱形，具槽及条纹，不育枝仅贴地生。叶卵状长圆形或长圆状披针形，边缘具尖锐而不规则的锯齿，草质，上面绿色，下面灰绿色。轮伞花序生于茎及分枝顶端，间断但向上密集的圆柱形穗状花序，花萼钟形，花冠淡紫色。花期 7 ～ 9 月份。

生长习性： 适应性强，喜温暖、湿润气候。

药用功效： 全草可入药，和中、理气。

食用方法： 嫩枝、叶常作为调味剂、香料、饮品。做肉、鱼、海鲜等不同口味的菜肴时，加几片鲜叶，可去膻味、腥味，并散发出独特的清香味。鲜嫩叶子可作为蔬菜，凉拌、炒吃。

110. 罗勒

拉丁名： *Ocimum basilicum* L.

科属： 唇形科罗勒属

形态特征： 一年生草本。茎直立，钝四棱形，多分枝。叶卵圆形至卵圆状长圆形，叶柄伸长，近于扁平。总状花序顶生于茎、枝上，各部均被微柔毛，由多数具6花交互对生的轮伞花序组成。花冠淡紫色，或上唇白色、下唇紫红色，伸出花萼。小坚果卵珠形，有具腺的穴陷。花期通常7～9月份，果期9～12月份。

生长习性： 喜温暖湿润气候，不耐寒，耐干旱，不耐涝。

药用功效： 全草可入药，疏风解表，化湿和中，行气活血，解毒消肿。

食用方法： 幼茎叶有香气，可作为芳香蔬菜在色拉和肉的料理中使用。摘鲜嫩叶泡茶可去暑去湿，食用的部分主要是叶子。可以做菜、熬汤，还可以用作调料、酱料、泡茶，将罗勒和薄荷、薰衣草、柠檬、马郁兰和马鞭草混合，可以调制花草茶，具有解压的功效。

111. 夏枯草

拉丁名: *Prunella vulgaris* L.

科属: 唇形科夏枯草属

形态特征: 多年生草木；根茎匍匐，在节上生须根。茎上升，下部伏地，自基部多分枝，钝四棱形，具浅槽，紫红色。茎叶卵状长圆形或卵圆形，草质。轮伞花序密集组成穗状花序，每一轮伞花序下承以苞片，花冠紫、蓝紫或红紫。小坚果黄褐色，长圆状卵珠形。花期 4 ～ 6 月份，果期 7 ～ 10 月份。

生长习性: 喜温暖湿润的环境。能耐寒，适应性强

药用功效: 全草可入药，止筋骨疼，舒肝气，开肝郁。

食用方法: 茎叶主要用来泡茶或者煲汤，也可以焯熟凉拌。

112. 香茶菜

拉丁名： *Isodon amethystoides* (Bentham) H. Hara

科属： 唇形科香茶菜属

形态特征： 多年生草本，密披平伏内弯的柔毛。叶倒卵圆形或菱状卵圆形，有极小的腺点。聚伞花序腋生或顶生，组成圆锥花序，小坚果卵球形，褐黄色，被黄或白色腺点。花期 6 ～ 10 月份，果期 9 ～ 11 月份。

生长习性： 喜温暖湿润的环境，多生于山坡林下、溪沟旁或路边草丛阴湿处。

药用功效： 全草可入药，清热利湿，活血散瘀，解毒消肿。

食用方法： 嫩苗沸水焯过，换凉水浸泡后炒食、和面食搭配食用。

113. 香薷

拉丁名： *Elsholtzia ciliata* (Thunb.) Hyland.

科属： 唇形科香薷属

形态特征： 一年生直立草本。茎钝四棱形，具槽，无毛或被疏柔毛。叶卵形或椭圆状披针形，叶下面主沿脉上疏被小硬毛，余部散布松脂状腺点。穗状花序偏向一侧，由多花的轮伞花序组成。小坚果长圆形，棕黄色。花期 7 ～ 10 月份，果期 10 月至翌年 1 月份。

生长习性： 生长于路旁、山坡、荒地、林内、河岸。

药用功效： 全草或地上部分可入药，发汗解表，化湿和中，利水消肿。

食用方法： 鲜嫩茎叶焯水后可炒食、凉拌；可作增香调味品，用于制作烹制肉类和泡水饮用。

114.野芝麻

拉丁名：Lamium barbatum Sieb. et Zucc.

科属：唇形科野芝麻属

形态特征：多年生植物。茎下部的叶卵圆形或心脏形，上部的叶卵圆状披针形。轮伞花序着生于茎端。小坚果倒卵圆形，淡褐色。花期4～6月份，果期7～8月份。

生长习性：生长于路边、溪旁、田埂及荒坡上。

药用功效：全草或花可入药，全草：散瘀，消积，调经，利湿；花：调经，利湿。

食用方法：鲜嫩茎叶焯水后，可炒食、蘸酱、凉拌、做汤。

115. 益母草

拉丁名： *Leonurus japonicus* Houttuyn

科属： 唇形科益母草属

形态特征： 一年生或二年生草本。茎钝四棱形，微具槽，有倒向糙伏毛。叶对生，性状不一。轮伞花序腋生，多数远离而组成长穗状花序，花粉红至淡紫红色。小坚果长圆状三棱形。花期6～9月份，果期9～10月份。

生长习性： 喜温暖湿润气候，喜阳光，对土壤要求不严，但怕涝。

药用功效： 全草可入药，活血调经、利尿消肿。

食用方法： 夏季生长茂盛花未全开时采摘嫩茎叶，沸水焯一下后可凉拌，或与其他菜品一起炒食，也可炖汤食用。

116. 紫苏

拉丁名： *Perilla frutescens* (L.) Britt.

科属： 唇形科紫苏属

形态特征： 一年生草本。茎钝四棱形，具四槽，密被长柔毛。叶阔卵形或圆形，膜质或草质，两面绿色或紫色，或仅下面紫色，上面被疏柔毛，下面被贴生柔毛。轮伞花序顶生或腋生，花白色至紫红色。小坚果近球形。果期 8 ～ 12 月份。

生长习性： 喜温暖湿润的气候，对土壤要求不严。

药用功效： 入药部分以茎叶及子实为主，叶：镇痛、镇静、解毒；梗：平气安胎；子：镇咳、祛痰、平喘、发散精神。

食用方法： 鲜嫩叶可直接食用，也可以煎炸、生拌、火锅涮食，煮肉类可增加香味。种子榨出的油也可供食用。

117.铁苋菜

拉丁名： *Acalypha australis* L.

科属： 大戟科铁苋菜属

形态特征： 一年生草本。叶膜质，长卵形、近菱状卵形或阔披针形，具圆锯齿。雌雄花同序，花序腋生，稀顶生，雄花生于花序上部，排列成穗状或头状。蒴果果皮具疏生毛和毛基变厚的小瘤体。花果期 4 ～ 12 月份。

生长习性： 生长于平原或山坡较湿润耕地和空旷草地，有时生长于石灰岩山疏林下。

药用功效： 全草可入药，清热利湿，凉血解毒，消积。

食用方法： 嫩叶可炒食，或凉拌、炖汤。

118. 白车轴草

拉丁名： *Trifolium repens* L.

科属： 豆科车轴草属

形态特征： 多年生草本。掌状三出复叶，小叶倒卵形至近圆形。花序球形，顶生，花冠白色、乳黄色或淡红色。荚果长圆形。花果期5～10月份。

生长习性： 喜温暖湿润气候，不耐长期积水。在湿润草地、河岸、路边呈半自生状态。

药用功效： 全草可入药，清热，凉血，宁心。

食用方法： 鲜嫩茎叶焯水后可凉拌、炒食、炖汤。

119. 决明

拉丁名： *Senna tora* (Linnaeus) Roxburgh

科属： 豆科决明属

形态特征： 一年生亚灌木状草本。小叶膜质，倒卵形或倒卵状长椭圆形。花腋生，黄色。荚果近四棱形。花果期 8 ～ 11 月份。

生长习性： 喜高温湿润的环境，不耐寒。

药用功效： 种子可入药，清肝明目、利水通便。

食用方法： 鲜嫩茎叶、嫩果可作为野菜食用。种子可用于泡茶，和各种食材组合，冲制成饮品。

120. 少花米口袋

拉丁名： *Gueldenstaedtia verna* (Georgi) Boriss.

科属： 豆科米口袋属

形态特征： 多年生草本。羽状复叶，托叶三角形，基部合生；叶柄具沟，被白色疏柔毛。伞形花序，花冠红紫色，旗瓣卵形。荚果长圆筒状，被长柔毛。花期 5 月份，果期 6 ～ 7 月份。

生长习性： 生长于山坡、路旁、田边等。

药用功效： 全草可入药，清热解毒、散瘀消肿。

食用方法： 鲜嫩芽焯水后加调料凉拌。果荚内豆粒可煮粥。

121. 小巢菜

拉丁名： Vicia hirsuta (L.) Gray

科属： 豆科野豌豆属

形态特征： 一年生草本，攀援或蔓生。偶数羽状复叶末端卷须分支，托叶线形，小叶线形或狭长圆形。总状花序明显短于叶，花白色、淡蓝青色或紫白色，稀粉红色，旗瓣椭圆形。荚果长圆菱形，表皮密被棕褐色长硬毛。花果期 2 ～ 7 月份。

生长习性： 生长于小麦田或山坡。

药用功效： 全草可入药，清热利湿，调经止血。

食用方法： 鲜嫩茎叶可炒食、凉拌、做汤。

122. 紫苜蓿

拉丁名：*Medicago sativa* L.

科属：豆科苜蓿属

形态特征：多年生草本，多分枝，高30～100厘米，根茎发达。羽状三出复叶，小叶倒卵形或倒披针形，上部叶缘有锯齿，两面有白色长柔毛。总状花序腋生，花冠各色：淡黄、深蓝至暗紫色，长于花萼。荚果螺旋形，有疏毛，先端有喙，种子卵形。花期5～7月份，果期6～8月份。

生长习性：喜温暖和半湿润到半干旱的气候，耐干旱，抗寒性较强。

药用功效：全草可入药，清胃热、清湿热、利尿、消肿。

食用方法：嫩茎叶可凉拌、炒、粉蒸（如杂和面蒸苜蓿，即和面粉拌在一起，然后蒸熟了吃）、做汤、油炸、做馅，等等。以新鲜的嫩茎叶为佳，在春天茎叶是上等蔬菜，当属典型的绿色食品。

123. 凤仙花

拉丁名： *Impatiens balsamina* L.

科属： 凤仙花科凤仙花属

形态特征： 一年生草本。叶互生，最下部叶有时对生；叶片披针形、狭椭圆形或倒披针形。花单生或 2 ～ 3 朵簇生于叶腋，无总花梗，白色、粉红色或紫色，单瓣或重瓣。蒴果宽纺锤形，密被柔毛。花期 7 ～ 10 月份。

生长习性： 喜阳光，怕湿，耐热不耐寒。适生长于疏松肥沃微酸性土壤中，但也耐瘠薄。

药用功效： 根、茎、花及种子可入药，根：活血通经、消肿止痛；茎：祛风湿、活血止痛、清热利尿、消肿解毒；花：祛风、解毒、活血、消肿、止痛；种子：软坚、消积。

食用方法： 鲜嫩茎可炒、烧、烩、腌、泡茶或泡酒、炒肉片、烧青笋等。

124. 白茅

拉丁名: *Imperata cylindrica* (L.) Raeusch.

科属: 禾本科白茅属

形态特征: 多年生草本，具粗壮的长根状茎。叶鞘聚集于秆基，甚长于其节间，质地较厚，老后破碎呈纤维状；叶舌膜质，紧贴其背部或鞘口具柔毛，分蘖叶片扁平，质地较薄；秆生叶片窄线形，通常内卷。圆锥花序稠密，颖果椭圆形，胚长为颖果之半。花果期4～6月份。

生长习性: 适应性强，耐阴、耐瘠薄和干旱，喜湿润疏松土壤，生长于低山带平原河岸的草地、沙质草甸、荒漠与海滨。

药用功效: 根和花序可入药，根：凉血，止血，清热利尿；花序：止血。

食用方法: 根可以用来煮粥，冲泡（泡茶或榨汁）或者炖煮。

125. 淡竹叶

拉丁名： *Lophatherum gracile* Brongn.

科属： 禾本科淡竹叶属

形态特征： 多年生草本，具木质根头。须根中部膨大呈纺锤形小块根。叶片披针形，具横脉，有时被柔毛或疣基小刺毛。圆锥花序分枝斜升或开展。颖果长椭圆形。花果期 6 ～ 10 月份。

生长习性： 耐贫瘠，喜温暖湿润，耐阴亦稍耐阳。

药用功效： 茎叶可入药，清热泻火，除烦，利尿。

食用方法： 主要用来泡水喝，也可用来煮粥。

126. 菰

拉丁名： *Zizania latifolia* (Griseb.) Turcz. ex Stapf

科属： 禾本科菰属

形态特征： 多年生草本，具匍匐根状茎。叶鞘长于其节间，肥厚，有小横脉；叶舌膜质，叶片扁平宽大。圆锥花序分枝多数簇生，果期开展。颖果圆柱形。

生长习性： 喜温性植物，不耐寒冷和高温干旱。

药用功效： 茭白、根及果实可入药，茭白：清热除烦，止渴，通乳，利大小便；菰根：清热解毒；菰实：清热除烦，生津止渴。

食用方法： 鲜嫩茭白作为蔬菜食用，可凉拌，又可与肉类、蛋类同炒，还可以做成水饺、包子、馄饨的馅，或制成腌品。

127. 薏苡

拉丁名： *Coix lacryma-jobi* L.

科属： 禾本科薏苡属

形态特征： 一年生粗壮草本，须根黄白色，海绵质。秆直立丛生，多分枝。叶鞘短于其节间，叶舌干膜质，叶片扁平宽大，基部圆形或近心形。总状花序腋生成束。花果期6～12月份。

生长习性： 多生长于湿润的屋旁、池塘、河沟、山谷、溪涧或易受涝的农田等地方。

药用功效： 种仁和根可入药，种仁：利湿健脾，舒筋除痹，清热排脓；根：清热，利湿，健脾，杀虫。

食用方法： 熟薏苡种仁可做成粥、饭、汤、各种面食。生吃易导致腹泻。

128. 姜花

拉丁名： *Hedychium coronarium* Koen.

科属： 姜科姜花属

形态特征： 淡水草本。叶片长圆状披针形或披针形，叶舌薄膜质。穗状花序顶生，花白色，子房被绢毛。花期 8 ～ 12 月份。

生长习性： 喜高温高湿稍阴的环境，在微酸性的肥沃沙质壤土中生长良好。

药用功效： 根茎及果实可入药，根茎：温中健胃、解表、祛风散寒、温经止痛、散寒；果实：温中健胃、解表发汗、温中散寒、止痛。

食用方法： 鲜嫩花瓣与芽都是绝佳的野菜，新鲜花瓣可制茶。

129. 紫花地丁

拉丁名： *Viola philippica* Cav.

科属： 堇菜科堇菜属

形态特征： 多年生草本，无地上茎。叶多数，基生，莲座状；叶片下部者通常较小，呈三角状卵形或狭卵形。花中等大，紫堇色或淡紫色，喉部带有紫色条纹。蒴果长圆形。花果期 4 月中下旬至 9 月份。

生长习性： 喜光，喜湿润的环境，耐阴也耐寒，不择土壤，适应性极强。

药用功效： 全草供药用，能清热解毒、凉血消肿。

食用方法： 鲜嫩幼苗或嫩茎焯水后可炒食、做汤、和面蒸食或煮菜粥均可。

130. 冬葵

拉丁名： *Malva verticillata* var. *crispa* Linnaeus

科属： 锦葵科锦葵属

形态特征： 一年生草本，茎被柔毛。叶圆形，常 5 ～ 7 裂或角裂。花小，白色，单生或几个簇生于叶腋。果扁球形，具细柔毛。花期 6 ～ 9 月份。

生长习性： 喜冷凉湿润气候，不耐高温和严寒，但耐低温、耐轻霜。

药用功效： 全株可入药，利尿、催乳、润肠、通便。

食用方法： 以鲜嫩幼苗或嫩茎叶供食，可炒食、做汤、做馅。老叶可晒干制粉，与面粉一起蒸食。

131.黄秋葵

拉丁名： *Abelmoschus esculentus* (L.) Moench

科属： 锦葵科秋葵属

形态特征： 一年生草本，茎圆柱形，疏生散刺。叶掌状，两面均被疏硬毛。花单生于叶腋间，花黄色，内面基部紫色。蒴果筒状尖塔形，疏被糙硬毛。花期 5 ～ 9 月份。

生长习性： 喜温暖，喜光，耐热怕寒。

药用功效： 根、叶、花或种子可入药，利咽，通淋，下乳，调经。

食用方法： 鲜嫩果可作蔬食用，可凉拌、热炒、油炸、炖食，做色拉、汤菜等。

132.锦葵

拉丁名： *Malva cathayensis* M. G. Gilbert, Y. Tang & Dorr

科属： 锦葵科锦葵属

形态特征： 二年生或多年生直立草本。叶圆心形或肾形，托叶具锯齿。花簇生，紫红色或白色。分果肾形，被柔毛。花期 5 ～ 10 月份。

生长习性： 适应性强，不择土壤，喜阳光充足，是常见的栽培植物。

药用功效： 花、叶和茎可入药，利尿通便，清热解毒。

食用方法： 国外常常将其鲜嫩叶子洗净晒干后，磨成粉，和羊肉、鸡肉一起炖汤。国内常晒干制成香茶泡水喝。

133. 苘麻

拉丁名： *Abutilon theophrasti* Medicus

科属： 锦葵科苘麻属

形态特征： 一年生亚灌木状草本。叶互生，圆心形，托叶早落。花单生于叶腋，花黄色。蒴果半球形。花期 7 ～ 8 月份。

生长习性： 常生长于路旁、荒地和田野间。

药用功效： 全草可入药，清热利湿，解毒开窍。

食用方法： 新鲜的苘麻可以榨成汁水来食用，或是晒干后泡水来食用。鲜嫩果实也可以当成野果吃。

134. 蜀葵

拉丁名： *Alcea rosea* Linnaeus

科属： 锦葵科蜀葵属

形态特征： 二年生直立草本，茎枝密被刺毛。叶近圆心形，掌状5～7浅裂或波状棱角，上面疏被星状柔毛。花腋生，单生或近簇生，排列成总状花序式，花有红、紫、白、粉红、黄和黑紫等色，单瓣或重瓣。花期2～8月份。

生长习性： 喜阳光，耐半阴，忌涝，在中国分布很广，华东、华中、华北均有种植。

药用功效： 全草可入药，清热止血、消肿解毒。

食用方法： 蜀葵的鲜嫩叶与花瓣都可以食用，可炒蛋、做煎饼，也可以用来做菜食用。鲜花用来包糯米团加香肠或者腊肉，然后锅里蒸30分钟也是一道好看又美味的菜品。

135. 野西瓜苗

拉丁名： *Hibiscus trionum* L.

科属： 锦葵科木槿属

形态特征： 一年生直立或平卧草本。叶二型，下部的叶圆形，不分裂，上部的叶掌状深裂。花单生于叶腋，花淡黄色，内面基部紫色。蒴果长圆状球形，被粗硬毛。花期 7 ～ 10 月份。

生长习性： 主要生长在平原、山野、丘陵或田埂等地方。全国各地均有，是常见的田间杂草。

药用功效： 全草或种子可入药，全草：清热解毒，祛风除湿，止咳，利尿；种子：润肺止咳，补肾。

食用方法： 鲜嫩叶焯水后可凉拌、炒食、煮食。

136. 垂盆草

拉丁名： *Sedum sarmentosum* Bunge

科属： 景天科景天属

形态特征： 多年生草本。3 叶轮生，叶倒披针形至长圆形，基部急狭，有距。聚伞花序，不育枝及花茎细，匍匐而节上生根，直到花序之下，种子卵形。花期 5 ～ 7 月份，果期 8 月份。

生长习性： 喜温暖湿润、半阴的环境，适应性强，较耐旱、耐寒，不择土壤。

药用功效： 全草可入药，缓解烫伤、清热利湿、消痈退肿。

食用方法： 鲜嫩茎叶常和红枣搭配，煮茶或是切碎熬成糖浆，也可以用新鲜垂盆草汁液熬粥。

137. 费菜

拉丁名： *Phedimus aizoon* (Linnaeus)'t Hart

科属： 景天科景天属

形态特征： 多年生草本。根状茎短，直立。叶互生，狭披针形、椭圆状披针形至卵状倒披针形，坚实，近革质。聚伞花序有多花，肉质萼片，花黄色。花期 6 ～ 7 月份，果期 8 ～ 9 月份。

生长习性： 多生长于山地林缘、灌木丛中、河岸草丛，较耐旱、耐寒。

药用功效： 根或全草可入药，止血散瘀，安神镇痛。

食用方法： 鲜嫩费菜是可以直接生吃的绿色蔬菜，洗净晾干后可直接蘸酱食用，还可以凉拌、清炒、做汤。

138. 半边莲

拉丁名: *Lobelia chinensis* Lour.

科属: 桔梗科半边莲属

形态特征: 多年生草本。叶互生，椭圆状披针形至条形。花通常 1 朵，生于分枝的上部叶腋。花冠粉红色或白色。蒴果倒锥状。花果期 5 ～ 10 月份。

生长习性: 生长于水田边、沟边及潮湿草地上。长江中、下游及以南各省区。

药用功效: 全草可入药，清热解毒、利尿消肿。

食用方法: 干或鲜嫩茎叶可用来泡茶或者炖鱼汤。

139. 桔梗

拉丁名： *Platycodon grandiflorus* (Jacq.) A. DC.

科属： 桔梗科桔梗属

形态特征： 多年生草本。茎高 20 ～ 120 厘米，通常无毛，偶密被短毛，不分枝，极少上部分枝。叶全部轮生，部分轮生至全部互生，无柄或有极短的柄，叶片卵形，卵状椭圆形至披针形。花单朵顶生，或数朵集成假总状花序，或有花序分枝而集成圆锥花序，蓝色或紫色。花期 7 ～ 9 月份。

生长习性： 喜温暖、喜光，耐寒，怕水涝、忌大风。

药用功效： 根药用，宣肺，利咽，祛痰，排脓。

食用方法： 一般在春夏两季可以采食桔梗的嫩叶，在秋季又可以食用桔梗的根茎。干或鲜根茎切片煲汤，常与肉类搭配煲汤。鲜嫩叶还可以炒成蔬菜，或凉拌、泡茶，或腌制成咸菜。

140. 羊乳

拉丁名： *Codonopsis lanceolata* (Sieb. et Zucc.) Trautv.

科属： 桔梗科党参属

形态特征： 多年生蔓生草本。叶在主茎上互生，披针形或菱状狭卵形，在小枝顶端通常簇生，而近于对生或轮生状。花单生或对生于小枝顶端，花冠阔钟状，黄绿色或乳白色内有紫色斑。蒴果下部半球状，上部有喙。花果期 7 ～ 8 月份。

生长习性： 生长于山地灌木林下沟边阴湿地区或阔叶林内。

药用功效： 根可入药，消肿、解毒、祛痰、催乳。

食用方法： 鲜或干的根可腌制或炒食，嫩叶也可炒食。

141. 艾

拉丁名： *Artemisia argyi* Lévl. et Van.

科属： 菊科蒿属

形态特征： 多年生草本或略成半灌木状，植株有浓香。叶厚纸质，上面被灰白色短柔毛，并有白色腺点与小凹点，背面密被灰白色蛛丝状密绒毛。头状花序椭圆形，排成小型的穗状花序或复穗状花序，并在茎上通常再组成狭窄、尖塔形的圆锥花序，花后头状花序下倾。瘦果长卵圆形或圆形。花果期 7 ～ 10 月份。

生长习性： 分布广，除极干旱与高寒地区外，几乎遍及全国，生长于低海拔至中海拔地区的荒地、路旁河边及山坡等地。

药用功效： 全草可入药，温经止血，散寒止痛，降湿杀虫。

食用方法： 鲜嫩芽及幼苗作菜蔬，可用来制作艾叶糍粑、艾叶馄饨、艾叶粥、艾叶蛋饼等。

142. 白苞蒿

拉丁名： *Artemisia lactiflora* Wall. ex DC.

科属： 菊科蒿属

形态特征： 多年生草本。叶薄纸质或纸质，基生叶与茎下部叶宽卵形或长卵形，二回或一至二回羽状全裂。头状花序长圆形，数枚或10余枚排成密穗状花序，在分枝上排成复穗状花序，在茎上端组成圆锥花序。瘦果倒卵形或倒卵状长圆形。花果期8～11月份。

生长习性： 生长于林下、林缘、灌丛边缘、山谷等湿润或略为干燥地区。

药用功效： 全草可入药，活血散瘀，理气化湿。

食用方法： 采摘嫩梢、嫩叶食用，一般用来做汤、炒泥鳅、做鸡蛋汤等。

143. 刺儿菜

拉丁名： *Cirsium arvense var. integrifolium* C. Wimm. et Grabowski

科属： 菊科蓟属

形态特征： 多年生草本。基生叶和中部茎叶椭圆形、长椭圆形或椭圆状倒披针形，上部茎叶渐小，椭圆形或披针形或线状披针形。头状花序单生于茎端，小花紫红色或白色。瘦果淡黄色，椭圆形或偏斜椭圆形。花果期 5 ～ 9 月份。

生长习性： 喜半阴、湿润以及肥沃土壤环境。

药用功效： 全草可入药，凉血止血、祛瘀消肿。

食用方法： 秋季将茎叶全部去除掉，留根部，根可以吃新鲜的，也可以晒干了吃。春天和夏天鲜嫩茎叶可凉拌或炒食。

144. 东风菜

拉丁名： *Aster scaber* Thunb.

科属： 菊科东风菜属

形态特征： 多年生草本。基部叶在花期枯萎，叶片心形。头状花序，圆锥伞房状排列。瘦果倒卵圆形或椭圆形，冠毛污黄白色。花期 6 ～ 10 月份，果期 8 ～ 10 月份。

生长习性： 生长于山地林缘及溪谷旁草丛中。

药用功效： 全草及根茎可入药，清热解毒、祛风止痛、行血活血。

食用方法： 鲜嫩幼苗、嫩茎叶可供食用，可凉拌、炒食、做汤、炖土豆或肉类，还可做天妇罗（在日式菜点中，用面糊炸的菜统称天妇罗）等。

145. 蜂斗菜

拉丁名： *Petasites japonicus* (Sieb. et Zucc.)

科属： 菊科蜂斗菜属

形态特征： 多年生草本，雌雄异株。基生叶具长柄，叶片圆形或肾状圆形，纸质。头状花序多数，密集成密伞房状，有同形小花。瘦果圆柱形，冠毛白色。花期 4 ～ 5 月份，果期 6 月份。

生长习性： 喜欢阴凉、空气湿润的环境。生长于向阳山坡林下、溪谷旁潮湿草丛中。

药用功效： 根茎及全草可入药，清热解毒，散瘀消肿。

食用方法： 鲜嫩叶柄和嫩花芽供食用，焯水之后就可以凉拌、炝、炒、做汤等。

146. 鬼针草

拉丁名： *Bidens pilosa* L.

科属： 菊科鬼针草属

形态特征： 一年生草本，茎无毛或上部被极稀疏的柔毛。头状花序，总苞基部被短柔毛。瘦果黑色，上部具稀疏瘤状突起及刚毛。花果期 8 ～ 10 月份。

生长习性： 喜温暖湿润气候。生长于村旁、路边及荒地中。

药用功效： 全草可入药，清热解毒、活血散瘀。

食用方法： 鲜嫩幼苗用沸水焯烫后凉拌，还可以把鬼针草鲜嫩叶子剁碎后炒蛋或炖汤。

147.红风菜（紫背菜）

拉丁名：*Gynura bicolor* (Roxb. ex Willd.) DC.

科属：菊科菊三七属

形态特征：多年生草本。叶片倒卵形或倒披针形，稀长圆状披针形。头状花序在茎、枝端排列成疏伞房状。瘦果圆柱形，冠毛易脱落。花果期5～10月份。

生长习性：喜冷凉气候，常见于山坡林下、岩石上或河边湿处。

药用功效：全草可入药，清热凉血、活血、止血、解毒消肿。

食用方法：嫩茎及叶片，焯熟后凉拌、炒食或者煲汤都可以。

148. 黄鹌菜

拉丁名： *Youngia japonica* (L.) DC.

科属： 菊科黄鹌菜属

形态特征： 一年生草本。基生叶倒披针形、椭圆形、长椭圆形或宽线形。头状花序排成伞房花序，舌状小花黄色。瘦果纺锤形，冠毛糙毛状。花果期4～10月份。

生长习性： 生长于山坡、山谷及山沟林缘、林下、林间草地及潮湿地、河边沼泽地、田间与荒地上。

药用功效： 全草可入药，清热解毒，消肿止痛。

食用方法： 将食用部位（幼芽、嫩茎叶、花蕾）洗净，以盐水浸一昼夜，除去苦味后，再炒食或煮食；也可用沸水烫熟后，切段蘸调味料食用；或将花蕾连梗采下，切段腌制成泡菜；也可油炸后食用。

149. 尖裂假还阳参

拉丁名： *Crepidiastrum sonchifolium* (Maximowicz) Pak & Kawano

科属： 菊科黄瓜菜属

形态特征： 多年生草本。基生叶花期枯萎脱落，中下部茎叶长椭圆状卵形、长卵形或披针形。头状花序多数，在茎枝顶端排成伞房状花序。舌状小花黄色。瘦果长椭圆形，喙细丝状。花果期 5 ～ 9 月份。

生长习性： 喜温暖湿润气候，具有较强的抗寒性和耐旱性，对土壤条件的要求不严。

药用功效： 全草可入药，清热解毒、凉血、活血。

食用方法： 鲜嫩茎叶焯水后可凉拌、炒菜、做馅料。最好反复冲洗并且浸泡 2 小时以上，然后焯一下，能够降低苦味。

150. 碱菀

拉丁名： *Tripolium pannonicum* (Jacquin) Dobroczajeva

科属： 菊科碱菀属

形态特征： 一年生或二年生中生盐生草本。基部叶在花期枯萎，下部叶条状或矩圆状披针形，全部叶无毛，肉质。头状花序排成伞房状，总苞近管状，花后钟状。瘦果被疏毛。花果期 8 ～ 12 月份。

生长习性： 生长于海岸、湖滨、沼泽及盐碱地。

药用功效： 全草或地上部分可入药，清热解毒、祛风利湿。

食用方法： 鲜嫩叶焯水后凉拌，也可以炒食或做汤，比如碱菀豆腐羹。

151. 金盏花

拉丁名： *Calendula officinalis* Hohen.

科属： 菊科金盏花属

形态特征： 一年生草本。基生叶长圆状倒卵形或匙形，具柄；茎生叶长圆状披针形或长圆状倒卵形，无柄。头状花序单生于茎枝端，小花黄或橙黄色，瘦果全部弯曲，淡黄色或淡褐色，外层瘦果多内弯，外面常具小针刺。花期 4 ～ 9 月份，果期 6 ～ 10 月份。

生长习性： 喜生长于温和、凉爽的气候，怕热、耐寒。

药用功效： 全草可入药，清热解毒，活血调经。

食用方法： 鲜花可以放沙拉生吃，也可以晒干泡茶。

152. 菊花脑

拉丁名： *Chrysanthemum indicum* 'Nankingense'

科属： 菊科菊属

形态特征： 多年生草本植物，有地下长或短匍匐茎。茎直立，半木质化。叶片宽大，卵圆形，互生。头状花序，多数在茎枝顶端排成疏松的伞房圆锥花序或少数在茎顶排成伞房花序，黄色小花。花期 6 ～ 11 月份。

生长习性： 适应性强，耐寒，耐贫瘠和干旱，忌高温、忌涝。

药用功效： 嫩茎叶可入药，清热解毒。

食用方法： 鲜嫩茎叶可以炒食、凉拌或煮汤。

153. 菊苣

拉丁名： *Cichorium intybus* L.

科属： 菊科菊苣属

形态特征： 多年生草本。基生叶莲座状，倒披针状长椭圆形；茎生叶卵状倒披针形至披针形。叶质薄，两面疏披长节毛，无柄。头状花序单生或集生于茎枝端，或排成穗状花序。舌状小花蓝色。瘦果倒卵状、椭圆状或倒楔形。花果期 5 ～ 10 月份。

生长习性： 耐寒，耐旱，喜生于阳光充足的田边、山坡等地。

药用功效： 全草可入药，清肝利胆，健胃消食，利尿消肿。

食用方法： 根烘烤磨碎后加入咖啡做增香剂或代用品；根煮熟后可涂上奶油食用，鲜嫩叶可作沙拉、炒食或炖煮。

154. 菊芋

拉丁名： *Helianthus tuberosus* Parry

科属： 菊科向日葵属

形态特征： 多年生草本，有块状的地下茎及纤维状根。茎直立，有分枝，被白色短糙毛或刚毛。叶通常对生，有叶柄，但上部叶互生；下部叶卵圆形或卵状椭圆形。头状花序较大，花黄色。瘦果小，楔形。花期8～9月份。

生长习性： 耐寒抗旱，耐瘠薄，对土壤要求不严。

药用功效： 块根、茎、叶可入药，清热凉血，接骨。

食用方法： 地下块茎可以食用，鲜块茎煮食、熬粥、腌制咸菜、晒制菊芋干或作制淀粉和酒精原料。

155. 苦苣菜

拉丁名： *Sonchus oleraceus* (L.) L.

科属： 菊科苦苣菜属

形态特征： 一年生或二年生草本。基生叶羽状深裂，全形长椭圆形或倒披针形，或大头羽状深裂，全形倒披针形，或基生叶不裂，椭圆形、椭圆状戟形、三角形或三角状戟形或圆形。头状花序少数在茎枝顶端排列成紧密的伞房花序，或总状花序，或单生于茎枝顶端，舌状小花黄色。瘦果褐色。花果期 5 ～ 12 月份。

生长习性： 生长于山坡或山谷林缘、林下或平地田间、空旷处或近水处。

药用功效： 全草可入药，祛湿、清热解毒。

食用方法： 鲜嫩茎叶可生食，也可焯水后凉拌或炒食。

156. 马兰

拉丁名： *Aster indicus*

科属： 菊科紫菀属

形态特征： 多年生草本，根状茎有匍枝，茎直立，上部有短毛，基部叶在花期枯萎；茎部叶倒披针形或倒卵状矩圆形，全部叶稍薄质，头状花序单生于枝顶端并排列成疏伞房状。舌状花，舌片浅紫色，瘦果倒卵状矩圆形，极扁，5 ～ 9 月份开花，8 ～ 10 月份结果。

生长习性： 喜肥沃土壤，耐旱亦耐涝，生活力强，生长于菜园、农田、路旁。

药用功效： 全草可入药，清热解毒，消食积，利小便，散瘀止血。

食用方法： 新鲜幼嫩的地上部茎叶可作为一种营养保健型蔬菜食用，可炒食、凉拌或做汤，香味浓郁，营养丰富。

157. 牡蒿

拉丁名： *Artemisia japonica* Kitam.

科属： 菊科蒿属

形态特征： 多年生草本。叶纸质，基生叶与茎下部叶倒卵形或宽匙形。头状花序卵圆形或近球形，排成穗状或穗状总状花序，并在茎上组成狭窄或中等开展的圆锥花序。瘦果小，倒卵形。花果期 7 ～ 10 月份。

生长习性： 喜温暖湿润气候，较耐旱，抗寒性强。

药用功效： 全草可入药，清热，凉血，解暑。

食用方法： 采摘新鲜嫩绿的牡蒿，用来炒食、凉拌或者做汤吃，晒干后可以用来泡茶，也可用来做菜，比如牡蒿蒸嫩鸭。

158. 泥胡菜

拉丁名: *Hemisteptia lyrata* (Bunge) Bunge

科属: 菊科泥胡菜属

形态特征: 二年生草本。基生叶莲座状，具柄，倒披针形或倒披针状椭圆形，中部叶椭圆形，无柄，上部叶条状披针形至条形。头状花序多数，花紫色。瘦果椭圆形，具纵肋。花期 5 ～ 6 月份。

生长习性: 喜温湿环境，不耐强光，生长在山坡、山谷、平原、丘陵、林缘、林下、草地、荒地、田间、河边、路旁等处。

药用功效: 全草或根可入药，清热解毒，散结消肿。

食用方法: 花蕾和幼苗可食用，焯水后凉拌、炒菜或炖汤，江浙地区还用来做青团。

159. 鼠曲草

拉丁名： *Pseudognaphalium affine* (D. Don) Anderberg

科属： 菊科鼠曲草属

形态特征： 一年生草本。叶无柄，匙状倒披针形或倒卵状匙形，两面被白色绵毛。头状花序在枝顶密集成伞房花序，花黄色至淡黄色。瘦果倒卵形或倒卵状圆柱形，冠毛易脱落。花期1～4月份，果期8～11月份。

生长习性： 适生于湿润的丘陵和山坡草地、河湖滩地、溪沟岸边、路旁、田埂、林缘、疏林下、无积水的水田中。

药用功效： 茎叶可入药，化痰止咳。

食用方法： 嫩茎叶切碎做清明果，即青团。

160. 牛蒡

拉丁名： *Arctium lappa* L.

科属： 菊科牛蒡属

形态特征： 二年生草本，具粗大的肉质直根。茎直立，通常带紫红或淡紫红色，有多数高起的条棱，分枝斜升，基生叶宽卵形。头状花序多数或少数在茎枝顶端排成疏松的伞房花序或圆锥状伞房花序，花序梗粗壮，小花紫红色。瘦果倒长卵形或偏斜倒长卵形。花果期 6 ～ 9 月份。

生长习性： 喜温暖湿润的气候，喜光，耐寒、耐热性均强。

药用功效： 果实和根可入药，果实：疏散风热，宣肺透疹，散结解毒；根：清热解毒，疏风利咽。

食用方法： 牛蒡肉质根细嫩香脆，可炒食、煮食、生食或加工成饮料。

161. 蒲公英

拉丁名： *Taraxacum mongolicum* Hand.-Mazz.

科属： 菊科蒲公英属

形态特征： 多年生草本。叶倒卵状披针形、倒披针形或长圆状披针形，边缘有时具波状齿或羽状深裂。花葶上部紫红色，密被蛛丝状白色长柔毛。头状花序，舌状花黄色，花药和柱头暗绿色。瘦果倒卵状披针形。花期 4 ～ 9 月份，果期 5 ～ 10 月份。

生长习性： 广泛生长于中、低海拔地区的山坡草地、路边、田野、河滩。

药用功效： 全草可入药，清热解毒、消肿散结。

食用方法： 新鲜或者晒干的蒲公英叶，都可泡茶泡水。新鲜蒲公英叶可以凉拌（需沸水焯熟后）、清炒、做馅。

162. 千里光

拉丁名： *Senecio scandens* Buch.-Ham. ex D. Don

科属： 菊科千里光属

形态特征： 多年生攀援草本。叶具柄，叶片卵状披针形至长三角形。头状花序有舌状花，在茎枝端排列成顶生复聚伞圆锥花序，花冠黄色。瘦果圆柱形，被柔毛。花期8月至翌年4月份。

生长习性： 生长于山坡、疏林下、林边、路旁。适应性较强，耐干旱，又耐潮湿。

药用功效： 地上部分可入药，清热解毒，明目利湿。

食用方法： 鲜嫩叶可食用，一般用来摊饼。

163. 兔儿伞

拉丁名： *Syneilesis aconitifolia* (Bunge) Maxim.

科属： 菊科兔儿伞属

形态特征： 多年生草本。茎褐色，叶通常2，疏生，叶片盾状圆形。头状花序多数，在茎端密集成复伞房状。瘦果圆柱形，冠毛污白色或变红色，糙毛状。花期6～7月份，果期8～10月份。

生长习性： 喜温暖、湿润及阳光充足的环境，耐半阴、耐寒、耐瘠。

药用功效： 根或全草可入药，祛风湿、舒筋活血、止痛。

食用方法： 春天长出的嫩叶可当蔬菜食用，也可以泡酒。

164. 旋覆花

拉丁名： *Inula japonica* (Miq.) Komarov

科属： 菊科旋覆花属

形态特征： 多年生草本。中部叶长圆形、长圆状披针形或披针形。头状花序，排列成疏散的伞房花序，舌状花黄色。瘦果，被疏短毛。花期6～10月份，果期9～11月份。

生长习性： 喜阳光，根系发达，抗病虫，耐寒、耐干旱、耐土壤贫瘠。

药用功效： 根、叶、花可入药。根及叶：治刀伤、疔毒，平喘镇咳；花：健胃祛痰，治胸中丕闷、胃部膨胀、暖气、咳嗽、呕逆。

食用方法： 鲜花可以用来凉拌（需沸水焯熟后）、制馅、泡茶泡酒、做汤等。

165. 鸦葱

拉丁名：*Scorzonera austriaca* (Willd.) Zaika, Sukhor. & N. Kilian

科属：菊科鸭葱属

形态特征：多年生草本。茎多数，簇生，不分枝，直立，光滑无毛，茎基被稠密的棕褐色纤维状撕裂的鞘状残遗物。基生叶线形、狭线形、线状披针形、线状长椭圆形、线状披针形或长椭圆形；茎生叶少数，鳞片状，披针形或钻状披针形。头状花序单生于茎端，舌状小花黄色。花果期4～7月份。

生长习性：生长于海拔400～2000米的山坡、草滩及河滩地。

药用功效：根可入药，清热解毒，消肿散结。

食用方法：鲜嫩叶及花茎可做汤、炒食或用沸水焯熟后切碎加调料凉拌，也可生吃，做沙拉的配料。肉质根可鲜炒、煮、烤、煎、炸、做汤。

166. 茵陈蒿

拉丁名： *Artemisia capillaris* Thunb.

科属： 菊科蒿属

形态特征： 多年生半灌木状草本，植株有浓烈的香气。主根明显木质，茎基部木质，上部分枝多。下部叶卵圆形或卵状椭圆形，二（至三）回羽状全裂，中部叶宽卵形、近圆形或卵圆形，（一至）二回羽状全裂。头状花序卵球形，常排成复总状花序，并在茎上端组成大型、开展的圆锥花序。瘦果长圆形或长卵形。花果期7～10月份。

生长习性： 适应性较强，喜温暖湿润气候。

药用功效： 嫩苗与幼叶可入药，清湿热，退黄疸。

食用方法： 鲜幼嫩枝、叶可作菜蔬或酿制茵陈酒。干茵陈蒿茎、叶可泡水或煲汤。

167. 中华苦荬菜

拉丁名： *Ixeris chinensis* (Thunb. ex Thunb.) Nakai

科属： 菊科小苦荬属

形态特征： 多年生草本。基生叶长椭圆形、倒披针形、线形或舌形，茎生叶长披针形或长椭圆状披针形，全部叶两面无毛。头状花序通常在茎枝顶端排成伞房花序，舌状小花黄色，干时带红色。瘦果有高起的钝肋。花果期 1 ～ 10 月份。

生长习性： 生长于山坡路旁、田野、河边灌木丛或岩石缝隙中。

药用功效： 全草可入药，清热解毒，凉血，消痈排脓，祛瘀止痛。

食用方法： 鲜嫩根和叶可炒食。

168. 紫菀

拉丁名： *Aster tataricus* L. f.

科属： 菊科紫菀属

形态特征： 多年生草本，根状茎斜升。茎直立，基部有纤维状枯叶残片且常有不定根。叶互生，全部叶厚纸质。头状花序，在茎和枝端排列成复伞房状，舌片蓝紫色。瘦果倒卵状长圆形。花期 7 ～ 9 月份，果期 8 ～ 10 月份。

生长习性： 耐涝，怕干旱，耐寒性较强

药用功效： 根、茎可入药，润肺下气、化痰止咳。

食用方法： 根、茎可泡酒、泡茶、炖粥，幼嫩苗可炒食。

169. 地肤

拉丁名： *Kochia scoparia* (L.) A. J. Scott

科属： 藜科地肤属

形态特征： 一年生草本。根略呈纺锤形。茎直立，淡绿色或带紫红色，分枝稀疏，斜上。叶为平面叶，披针形或条状披针形。花两性或雌性，通常1～3个生于上部叶腋，构成疏穗状圆锥状花序，花被近球形，淡绿色。胞果扁球形，果皮膜质。花期6～9月份，果期7～10月份。

生长习性： 适应性强，喜光，耐旱，耐碱土，耐修剪，耐炎热气候，不择土壤。

药用功效： 果实可入药，清湿热、利尿。

食用方法： 鲜嫩茎叶可以和面蒸食，做馅、炒食、凉拌、做汤等，如清炒地肤苗、地肤苗炒豆腐、青须拌三色（地肤苗、绿豆芽、红椒切丝，焯水后凉拌）、焦炸地肤苗。种子可榨油。

170. 萹蓄

拉丁名： *Polygonum aviculare* L.

科属： 蓼科蓼属

形态特征： 一年生草本。常匍匐生长，叶片长圆形似竹叶，茎有节，小花簇生于叶腋，花5瓣，白色或带红绿色。花期5～7月份，果期6～8月份。

生长习性： 对气候的适应性强，多野生于路旁、田野、山坡的草丛中。

药用功效： 全草可入药，利尿通淋、止痒、杀虫。

食用方法： 开花时，可作为辅助蜜源植物，鲜嫩茎叶可作野菜食用，焯水后凉拌、加肉炒食或切碎后与面粉混合蒸食，也可作干菜。

171.何首乌

拉丁名：*Fallopia multiflora* (Thunb.) Nakai

科属：蓼科何首乌属

形态特征：多年生草本。块根肥厚，长椭圆形，黑褐色。茎缠绕，多分枝，下部木质化。叶卵形或长卵形。花序圆锥状，顶生或腋生，花被5深裂，白色或淡绿色。瘦果卵形，包于宿存花被内。花期8～9月份，果期9～10月份。

生长习性：适应性强，喜阳，耐半阴，喜湿，畏涝，十分耐寒。

药用功效：块根可入药，补益精血，截疟，解毒，润肠通便。

食用方法：炮制后可泡水泡酒、煲汤、煮粥等。

172. 虎杖

拉丁名: *Reynoutria japonica* Houtt.

科属: 蓼科虎杖属

形态特征: 多年生草本。根状茎横生，茎直立，空心，散生红色或紫红斑点。叶宽卵形或卵状椭圆形。花单性，雌雄异株，花序圆锥状，腋生。瘦果卵形，包于宿存花被内。花期 8 ～ 9 月份，果期 9 ～ 10 月份。

生长习性: 喜温暖、相对湿润的气候，耐寒、耐旱，对土壤的要求不高。

药用功效: 根状茎可入药，活血、散瘀、通经、镇咳。

食用方法: 鲜嫩茎叶沸水焯熟后凉拌、炒食，也可用来炖汤。根煮熟并冰镇后可做冷饮，清凉解暑；液汁可染米粉，别有风味。

173. 金荞麦

拉丁名： *Fagopyrum dibotrys* (D. Don) Hara

科属： 蓼科荞麦属

形态特征： 多年生草本。根状茎木质化，茎直立，具纵棱，无毛。叶三角形，有叶柄。花序伞房状，顶生或腋生，花白色。瘦果宽卵形。花期 7 ～ 9 月份，果期 8 ～ 10 月份。

生长习性： 适应性较强，喜温暖气候。

药用功效： 根茎可入药，清热解毒、活血化瘀、健脾利湿。

食用方法： 干的根可用来煲瘦肉汤，还可以泡水喝。

174. 酸模

拉丁名: *Rumex acetosa* L.

科属: 蓼科酸模属

形态特征: 多年生草本。根为须根，基生叶和茎下部叶箭形。花序狭圆锥状，顶生，花单性，雌雄异株，瘦果椭圆形。花期5～7月份，果期6～8月份。

生长习性: 适应性很强适，喜阳光，但又较耐阴，较耐寒，土壤酸度适中。

药用功效: 全草可入药，凉血、解毒。

食用方法: 嫩茎叶可作蔬菜，焯水后可凉拌、炒菜。

175. 欧菱

拉丁名： *Trapa natans* L.

科属： 菱科菱属

形态特征： 一年生浮水水生草本植物。根二型：着泥根细铁丝状，生于水底泥中；同化根，羽状细裂，裂片丝状，绿褐色。叶二型：浮水叶互生，聚生于主茎和分枝茎顶端，形成莲座状菱盘；沉水叶小，早落。花小，单生于叶腋，两性，花白色。果三角状菱形，具 4 刺角。花期 7 ～ 9 月份，果期 8 ～ 11 月份。

生长习性： 生长在温带气候的湿泥地中，如池塘、沼泽地。

药用功效： 果肉可入药，健脾益胃，除烦止渴，解毒。

食用方法： 果肉可食，鲜果幼嫩时可当水果生食，老熟果可熟食或加工制成菱粉。嫩茎可作菜蔬，做成包子馅或菱秧丸子等。

176. 柳叶菜

拉丁名： *Epilobium hirsutum* L.

科属： 柳叶菜科柳叶菜属

形态特征： 多年生粗壮草本。叶草质，对生，茎上部的叶互生；茎生叶披针状椭圆形至狭倒卵形或椭圆形。总状花序直立；苞片叶状。花瓣常玫瑰红色，或粉红、紫红色。蒴果，顶端具短喙。花期6～8月份，果期7～9月份。

生长习性： 在黄河流域以北生长于海拔150～2000米，在西南生长于海拔180～3500米的河谷、溪流河床沙地或石砾地或沟边、湖边向阳湿处，也生长于灌木丛、荒坡、路旁，常成片生长。

药用功效： 根或全草可入药，清热解毒，利湿止泻，消食理气，活血。

食用方法： 嫩苗嫩叶可做色拉凉菜。

177. 鹅绒藤

拉丁名：*Cynanchum chinense* R. Br.

科属：萝藦科鹅绒藤属

形态特征：缠绕草本，全株被短柔毛。叶对生，薄纸质，宽三角状心形，叶面深绿色，叶背苍白色，两面均被短柔毛。伞形聚伞花序腋生，两歧；花萼外面被柔毛；花冠白色。蓇葖果细圆柱状。花期 6 ～ 8 月份，果期 8 ～ 10 月份。

生长习性：生长于山坡向阳灌木丛中或路旁、河畔、田埂边。

药用功效：乳汁及根可入药，清热解毒，消积健胃，利水消肿。

食用方法：藤叶、藤枝晒干和不晒干都可以熬水喝；炒菜是藤叶放入锅里一起翻炒，和普通蔬菜一样。

178. 落葵

拉丁名： *Basella alba* L.

科属： 落葵科落葵属

形态特征： 一年生缠绕草本。无毛，肉质，绿色或略带紫红色。叶片卵形或近圆形。穗状花序腋生，果实球形，红色至深红色或黑色，多汁液。花期 5 ～ 9 月份，果期 7 ～ 10 月份。

生长习性： 耐高温高湿，一般生长于疏松肥沃的沙壤土。

药用功效： 全草可入药，滑肠通便，清热利湿，凉血解毒，活血。

食用方法： 鲜嫩茎叶、幼苗均可食用，热炒、烫食、凉拌均可，与豆腐或鸡蛋煮汤，再配以虾仁，所做汤菜色、香、味俱全。

179. 马鞭草

拉丁名： *Verbena officinalis* L.

科属： 马鞭草科马鞭草属

形态特征： 多年生草本。茎四方形，节和棱上有硬毛。叶片卵圆形至倒卵形或长圆状披针形。穗状花序顶生和腋生，花小。穗状果序，小坚果长圆形。花期 6 ～ 8 月份，果期 7 ～ 10 月份。

生长习性： 喜肥、喜湿润的环境，生长于路边、山坡、溪边或林旁。

药用功效： 全草可入药，凉血、散瘀、通经、清热、解毒、止痒、驱虫、消胀。

食用方法： 鲜或干的茎叶可泡茶，与绿豆一起炖成马鞭草绿豆蜜饮，和猪肚、猪肝之类蒸煮。

180. 马齿苋

拉丁名： *Portulaca oleracea* L.

科属： 马齿苋科马齿苋属

形态特征： 一年生草本，全株无毛。茎平卧或斜倚，伏地铺散，多分枝，圆柱形。叶互生，有时近对生，叶片扁平，肥厚，倒卵形，似马齿状。花黄色，无梗，常3～5朵簇生于枝端，午时盛开。蒴果卵球形，盖裂。花期5～8月份，果期6～9月份。

生长习性： 喜高湿，耐旱、耐涝，具向阳性。

药用功效： 全草可入药，清热利湿、解毒消肿、消炎、止渴、利尿。

食用方法： 茎叶可鲜食，也可晒干，吃起来都很方便。可焯熟凉拌，可炒食，还可以做馅。

181. 芍药

拉丁名： *Paeonia lactiflora* Pall.

科属： 毛茛科芍药属

形态特征： 多年生草本。下部茎生叶为二回三出复叶，上部茎生叶为三出复叶；小叶狭卵形、椭圆形或披针形。花数朵，生于茎顶和叶腋，有时仅顶端一朵开放，花瓣白色，有时基部具深紫色斑块。蓇葖果，顶端具喙。花期 5 ～ 6 月份，果期 8 月份。

生长习性： 喜温耐寒，有较宽的生态适应幅度。

药用功效： 根可入药，镇痛、镇痉、祛瘀、通经。

食用方法： 干或鲜花可以用来泡茶、炖汤、煮粥、做饼。

182. 唐松草

拉丁名：*Thalictrum aquilegiifolium var. sibiricum* Regel et Tiling

科属：毛茛科唐松草属

形态特征：多年生草本，全株无毛。茎直立，有分枝。叶互生，基生叶在开花时枯萎；茎生叶为三至四回三出复叶。单歧聚伞花序伞房状，有多数密集的花，花萼片白色或外面带紫色，早落。瘦果倒卵形。花期6～8月份，果期7～9月份。

生长习性：适应性强，喜阳又耐半阴。生长在林下或草甸的潮湿环境。

药用功效：根茎可入药，清热泻火，燥湿解毒。

食用方法：鲜嫩芽、幼苗用沸水焯一下，换清水浸泡一夜，即可炒食或做汤；另外，采集叶多时，亦可扎把盐渍，一般盐渍二次。

183. 地榆

拉丁名： *Sanguisorba officinalis* L.

科属： 蔷薇科地榆属

形态特征： 多年生草本。根粗壮，多呈纺锤形。基生叶为羽状复叶，茎生叶较少。穗状花序椭圆形、圆柱形或卵球形，从花序顶端向下开放，萼片紫红色。瘦果包藏在宿存萼筒内，有4棱。花果期7～10月份。

生长习性： 生长于向阳山坡、灌丛，喜沙性土壤。

药用功效： 根可入药，凉血止血，解毒敛疮。

食用方法： 春夏季采集鲜嫩苗、嫩茎叶或花穗，沸水焯熟后用于炒食、做汤和腌菜，也可做色拉，因其具有黄瓜清香，做汤时放几片地榆叶更加鲜美；还可将其浸泡在啤酒或清凉饮料里增加风味。

184. 火棘

拉丁名： *Pyracantha fortuneana* (Maxim.) Li

科属： 蔷薇科火棘属

形态特征： 常绿灌木。叶片倒卵形或倒卵状长圆形。花集成复伞房花序，花白色。果实近球形，橘红色或深红色。花期3～5月份，果期8～11月份。

生长习性： 喜强光，耐贫瘠，抗干旱，耐寒。

药用功效： 果、叶、根可入药，果：消积止痢，活血止血；根：清热凉血；叶：清热解毒。

食用方法： 果实作为水果可直接生吃或榨汁，还可以煮粥或和别的食物掺一起蒸食。

185. 龙芽草

拉丁名： *Agrimonia pilosa var. pilosa*

科属： 蔷薇科龙芽草属

形态特征： 多年生草本。叶为间断奇数羽状复叶，常有 3～4 对小叶，小叶倒卵形、倒卵椭圆形或倒卵披针形。花序穗状总状顶生，花黄色。瘦果倒卵圆锥形。花果期 5～12 月份。

生长习性： 常生长于溪边、路旁、草地、灌木丛、林缘及疏林下。

药用功效： 全草可入药，止血、健胃、滑肠、止痢、杀虫。

食用方法： 鲜嫩茎叶沸水焯熟后凉拌、炒食或酱食。种子可以磨成面，制作面食。

186. 三叶委陵菜

拉丁名： *Potentilla freyniana* Bornm.

科属： 蔷薇科委陵菜属

形态特征： 多年生草本，有纤匍枝或不明显。根分枝多，簇生。花茎纤细，直立或上升，被平铺或开展疏柔毛。基生叶掌状3出复叶。伞房状聚伞花序顶生，多花，松散，花瓣淡黄色，长圆倒卵形，顶端微凹或圆钝。成熟瘦果卵球形，表面有显著脉纹。花果期3～6月份。

生长习性： 生长于海拔300～2100米的山坡草地、溪边及疏林下阴湿处。

药用功效： 根或全草可入药，清热解毒，凉血止痢。

食用方法： 鲜嫩苗叶及根可食，开春时采集未开花的嫩茎叶，去杂洗净，可用沸水浸烫一下，再换冷水浸泡反复清洗去除苦味，可炒食、凉拌、炒肉、做汤等；块根则可以生食、煮食，或者磨成粉掺入主食。

187. 蛇莓

拉丁名：*Duchesnea indica* (Andr.) Focke

科属：蔷薇科蛇莓属

形态特征：多年生草本，匍匐茎多数。小叶片倒卵形至菱状长圆形，托叶窄卵形至宽披针形。花单生于叶腋，花黄色。瘦果卵形。花期 6 ～ 8 月份，果期 8 ～ 10 月份。

生长习性：喜荫凉、温暖湿润，耐寒，不耐旱、不耐水渍，多生长于海拔 1800 米以下的山坡、草地、河岸、沟边。

药用功效：全草可入药，清热解毒，散瘀消肿，凉血止血。

食用方法：鲜果实作为野生水果可直接生吃。叶子沸水焯熟后可凉拌也可晒干泡茶。

188. 假酸浆

拉丁名： *Nicandra physalodes* (L.) Gaertner

科属： 茄科假酸浆属

形态特征： 叶卵形或椭圆形，草质。花单生于枝腋而与叶对生，通常具较叶柄长的花梗，花冠浅蓝色。浆果球状，黄色。花果期夏秋季。

生长习性： 生长于田边、荒地、屋园周围、篱笆边或住宅区。

药用功效： 全草可入药，清热解毒，利尿，镇静。

食用方法： 是制作凉粉（又称冰粉）的原料。将种子用纱布包裹，用水浸泡一段时间后，不断地揉搓，直到挤不出黏稠状物质，滤去种子，加适量的食品凝固剂，凝固一段时间后便制成了晶莹剔透、口感凉滑的凉粉，是一种夏季保健食品。

189. 龙葵

拉丁名： *Solanum nigrum* L.

科属： 茄科茄属

形态特征： 一年生直立草本。叶卵形，有叶柄。蝎尾状花序腋外生，花冠白色，筒部隐于萼内。浆果球形，熟时黑色。花期 5 ～ 8 月份，果期 7 ～ 11 月份。

生长习性： 喜生长于田边、荒地及村庄附近。

药用功效： 全株可入药，散瘀消肿，清热解毒。

食用方法： 鲜嫩茎叶沸水焯熟后可凉拌或做馅料，也可以清炒或炒鸡蛋、炒肉等。

190. 酸浆

拉丁名： *Alkekengi officinarum* Moench

科属： 茄科酸浆属

形态特征： 多年生草本，茎被柔毛。叶长卵形至阔卵形，有叶柄。花冠辐状，白色。浆果球状，橙红色。花期 5 ～ 9 月份，果期 6 ～ 10 月份。

生长习性： 适应性很强，耐寒、耐热，喜凉爽、湿润气候。

药用功效： 全草可入药，清热利咽、利尿解毒、止咳化痰。

食用方法： 鲜果实可生食、糖渍、醋渍或做果浆。

191. 紫背天葵

拉丁名： *Begonia fimbristipula* Hance

科属： 秋海棠科秋海棠属

形态特征： 多年生无茎草本。根状茎球状，叶均基生，具长柄，宽卵形。花粉红色，数朵，2～3回二歧聚伞状花序。蒴果下垂，具有不等3翅。花期5月份，果期6月份开始。

生长习性： 喜温暖、湿润的环境。常见在石缝中生长。耐阴，怕强光和干旱。

药用功效： 全草可入药，清热解毒、润肺止咳、散瘀消肿、生津止渴。

食用方法： 吃法很多，焯水后可凉拌、泡茶泡酒、素炒、荤炒、榨汁、烧汤、做饺子馅等，或与菌类素炒，或与肉类荤炒，或作火锅配料。

192. 接骨草

拉丁名： *Sambucus javanica* Reinw. ex Blume

科属： 忍冬科接骨木属

形态特征： 高大草本或半灌木，茎有棱条，髓部白色。羽状复叶，小叶互生或对生，狭卵形。复伞形花序顶生，花冠白色，仅基部联合。果实红色，近圆形。花期 4 ～ 5 月份，果熟期 8 ～ 9 月份。

生长习性： 适应性较强，对气候要求不严；喜向阳，但又稍耐阴。

药用功效： 枝、叶可入药，去风湿、通经活血、解毒消炎。

食用方法： 干或新鲜根部一般用来炖汤。

193. 蕺菜

拉丁名： *Houttuynia cordata* Thunb.

科属： 三白草科蕺菜属

形态特征： 多年生草本，全株有腥臭味。茎下部伏地，节上轮生小根，上部直立，有时带紫红色。叶互生，薄纸质，有腺点，背面尤甚。花白色，无花被，排成与叶对生的穗状花序。蒴果顶端有宿存的花柱。花期4～7月份。果期6～10月份。

生长习性： 喜温暖潮湿环境，忌干旱。耐寒，怕强光。

药用功效： 全株可入药，清热解毒、利尿通淋。

食用方法： 可凉拌，也可用炒、蒸、炖等方法烹制。鲜嫩白根及叶凉拌（焯水后可使腥味儿变淡些），是夏季餐桌上的一道佳品。

194. 变豆菜

拉丁名： *Sanicula chinensis* Bunge

科属： 伞形科变豆菜属

形态特征： 多年生草本。基生叶近圆形、圆肾形至圆心形，茎生叶有柄或近无柄。伞形花序 2 ～ 3 回叉式分枝，花瓣白色或绿白色。果实卵圆形，皮刺直立。花果期 4 ～ 10 月份。

生长习性： 生长于荫湿的山坡路旁、杂木林下、竹园边、溪边等草丛中。

药用功效： 全草可入药，解毒、止血。

食用方法： 鲜嫩茎叶可以焯水后直接食用，蘸酱、做汤均可。

195. 茴香

拉丁名： *Foeniculum vulgare* Mill.

科属： 伞形科茴香属

形态特征： 草本。叶片轮廓为阔三角形，4～5回羽状全裂，末回裂片线形。复伞形花序顶生与侧生，花瓣黄色。果实长圆形，果棱尖锐。花期5～6月份，果期7～9月份。

生长习性： 喜温暖、湿润、阳光充足的环境，对土壤要求不严。

药用功效： 果实可入药，祛风祛痰、散寒、健胃、止痛。

食用方法： 鲜嫩叶可作蔬菜食用或作调味用。

196. 山芹

拉丁名: *Ostericum sieboldii* (Miq.) Nakai

科属: 伞形科山芹属

形态特征: 多年生草本。基生叶及上部叶均为二至三回三出式羽状分裂；叶片轮廓为三角形，末回裂片菱状卵形至卵状披针形。复伞形花序，花序梗、伞辐和花柄均有短糙毛，花瓣白色。果实长圆形至卵形，成熟时金黄色。花期 8 ～ 9 月份，果期 9 ～ 10 月份。

生长习性: 喜冷凉、湿润的气候，不耐高温。

药用功效: 根可入药，祛风除湿，通痹止痛。

食用方法: 鲜嫩幼苗可做春季野菜。

197. 水芹

拉丁名： *Oenanthe javanica* (Bl.) DC.

科属： 伞形科水芹属

形态特征： 多年生草本，茎直立或基部匍匐。叶片三角形，基生叶柄基部具鞘。复伞形花序顶生，花瓣白色。果实近于四角状椭圆形或筒状长圆形，木栓质。花期 6 ～ 7 月份，果期 8 ～ 9 月份。

生长习性： 喜湿润、肥沃土壤，耐涝及耐寒性强。一般生长于低湿地、浅水沼泽、河流岸边或水田中。

药用功效： 根或全草可入药，清热利湿，止血，降血压。

食用方法： 嫩茎及叶柄鲜嫩，清香爽口，可焯水后凉拌、炒食或当作香料与食品装饰物。

198. 鸭儿芹

拉丁名： *Cryptotaenia japonica* Hassk.

科属： 伞形科鸭儿芹属

形态特征： 多年生草本。茎表面有时略带淡紫色。基生叶或上部叶有柄，3 小叶，中间小叶片呈菱状倒卵形或心形。复伞形花序呈圆锥状，花白色。分生果线状长圆形，合生面略收缩。花期 4 ～ 5 月份，果期 6 ～ 10 月份。

生长习性： 喜冷凉气候，生长于低山林边、沟边、田边湿地或沟谷草丛中。

药用功效： 全草可入药，祛风止咳，利湿解毒，化瘀止痛。

食用方法： 鲜嫩茎叶可食，清炒或者搭配鸡蛋、肉末、木耳等一起炒；炖汤时可搭配肉丝、猪肝等，也可做成“色拉”菜生食。

199. 野胡萝卜

拉丁名： *Daucus carota* L.

科属： 伞形科胡萝卜属

形态特征： 二年生草本。基生叶薄膜质，长圆形，二至三回羽状全裂，末回裂片线形或披针形。复伞形花序，有糙硬毛，花通常白色，有时带淡红色。果实卵圆形，棱上有白色刺毛。花期 5 ～ 7 月份。

生长习性： 生长于山坡路旁、旷野或田间。

药用功效： 根可入药，健脾化滞，凉肝止血，清热解毒。

食用方法： 鲜嫩茎、叶和根均可食用，可以炒菜、炖菜。

200. 芫荽

拉丁名： *Coriandrum sativum* L.

科属： 伞形科芫荽属

形态特征： 一年生或二年生、有强烈气味的草本。叶片 1 或 2 回羽状全裂，羽片广卵形或扇形半裂。伞形花序顶生或与叶对生，花白色或带淡紫色。果实圆球形，背面主棱及相邻的次棱明显。花果期 4 ～ 11 月份。

生长习性： 喜冷凉气候，耐寒、怕热。

药用功效： 全草可入药，发表透疹，健胃。

食用方法： 鲜嫩茎叶作蔬菜和调香料，多用于做凉拌菜佐料，或汤类、面类菜中提味用。

201. 紫叶鸭儿芹

拉丁名： *Cryptotaenia japonica* 'Atropurpurea'

科属： 伞形科鸭儿芹属

形态特征： 多年生草本，叶片紫红色，广卵形，中间小叶菱状倒卵形。圆锥状复伞花序顶生，花粉红色。荚果线性。花期4月至5月份。

生长习性： 生长在林下阴湿处。

药用功效： 茎叶可入药，祛风止咳，利湿解毒，化瘀止痛。

食用方法： 嫩苗及嫩茎叶可以凉拌（须焯水后）、做汤、炒肉、腌渍等。

202. 荸荠

拉丁名： *Eleocharis dulcis* (Burm. f.) Trin. ex Hensch.

科属： 莎草科荸荠属

形态特征： 多年生宿根性草本，秆丛生，有横隔膜，干后秆表面有节，无叶片。小穗圆柱状，具多花。小坚果宽倒卵形，扁双凸状。

生长习性： 喜温暖湿润，不耐霜冻，常生长在浅水田中。

药用功效： 球茎及地上部分可入药，球茎：清热止渴，利湿化痰，降血压；地上全草：清热利尿。

食用方法： 以地下膨大球茎供食用，可以生食、熟食或做菜，尤适于制作罐头，称为“清水马蹄”，是菜馆的主要佐料之一；并可提取淀粉，与藕粉、菱粉称为淀粉三魁。

203. 瞿麦

拉丁名： *Dianthus superbus* L.

科属： 石竹科石竹属

形态特征： 多年生草本，茎丛生，直立，绿色，无毛，上部分枝。叶片线状披针形，中脉特显，基部合生成鞘状，绿色，有时带粉绿色。花1～2朵顶生，有时顶下腋生，花瓣边缘裂至中部或中部以上，通常淡红色或带紫色，稀白色。蒴果圆筒形，种子扁卵圆形，黑色。花期6～9月份，果期8～10月份。

生长习性： 喜阳、耐寒、耐旱、忌涝。多生长于高山草甸、林缘路边、湖边等处。

药用功效： 全草可入药，利尿通淋、活血通经、杀虫。

食用方法： 鲜嫩茎叶焯水后用冷水清洗后，凉拌、炒食、煮汤，都可以。

204. 播娘蒿

拉丁名： *Descurainia sophia* (L.) Webb ex Prantl

科属： 十字花科播娘蒿属

形态特征： 一年生草本。叶为3回羽状深裂，末端裂片条形或长圆形。花序伞房状，果期伸长，花黄色。长角果圆筒状，无毛。花期4～5月份。

生长习性： 适应力强，除华南外全国各地均产。生长于山坡、田野及农田。

药用功效： 种子可入药，泻肺定喘，祛痰止咳，行水消肿。

食用方法： 鲜嫩幼苗和嫩叶可以食用。可清炒、做饼、做馅料、做汤。种子油也可以食用。

205. 蔊菜

拉丁名： *Rorippa indica* (L.) Hiern

科属： 十字花科蔊菜属

形态特征： 一、二年生直立草本。茎单一或分枝，具纵沟。叶互生，基生叶及茎下部叶具长柄，叶形多变化，通常大头羽状分裂。总状花序顶生或侧生，花黄色。长角果线状圆柱形。花期4～6月份，果期6～8月份。

生长习性： 常生长于路旁、田边、园圃、河边、屋边墙脚及山坡路旁等较潮湿处。

药用功效： 全草可入药，清热利尿，活血通经，镇咳化痰，健胃理气，解毒。

食用方法： 新鲜地上部分沸水焯熟后凉拌，做馅料或炒食，也用来煲鸡或煲骨头，也是粤菜著名菜式“塘葛菜煲生鱼汤”的主料之一。

206. 欧洲菘蓝

拉丁名： *Isatis tinctoria* Linnaeus

科属： 十字花科菘蓝属

形态特征： 二年生草本。茎直立，上部多分枝。叶互生，基生叶具柄，长椭圆形至长圆状倒披针形；茎生叶半抱茎。复总状花序顶生，花瓣黄色。短角果宽楔形。花期 4 ～ 5 月份，果期 5 ～ 6 月份。

生长习性： 适应性较强，能耐寒，喜温暖，怕水涝。

药用功效： 根、叶可入药，清热解毒、凉血消斑、利咽止痛。

食用方法： 食用部位是根和茎叶，鲜嫩的根、茎、叶可清炒或煮汤。

207. 荠

拉丁名： *Capsella bursa-pastoris* (L.)Medik.

科属： 十字花科荠属

形态特征： 一年或二年生草本。基生叶丛生呈莲座状，大头羽状分裂。总状花序顶生及腋生，花白色。短角果倒三角形或倒心状三角形，扁平。花果期 4 ～ 6 月份。

生长习性： 喜温暖但耐寒力强，分布在全世界的温带地区。

药用功效： 全草可入药，和脾、利水、止血、明目。

食用方法： 茎叶作蔬菜食用，可炖、可煮、可炒、可烹，还可做馅。

208. 败酱

拉丁名： *Patriniascabiosifolia*Fisch. ex Trevir.

科属： 败酱科败酱属

形态特征： 多年生草本。基生叶丛生，卵形、椭圆形或椭圆状披针形，茎生叶对生，宽卵形至披针形，顶生裂片卵形、椭圆形或椭圆状披针形，聚伞花序组成的大型伞房花序，顶生。总状花序顶生，花白色。瘦果长圆形，种子扁平。7～9月份开花。

生长习性： 生长在平地路旁、沟边或村落附近。

药用功效： 全草、嫩苗和种子可入药。全草：清热解毒、消肿排脓；种子：利肝明目；嫩苗：和中益气、利肝明目。

食用方法： 鲜嫩幼苗用沸水焯熟后，浸去酸辣味，加油盐调食。种子油可食用。

209. 诸葛菜

拉丁名： *Orychophragmus violaceus* (Linnaeus) O. E. Schulz

科属： 十字花科诸葛菜属

形态特征： 一年或二年生草本。基生叶及下部茎生叶大头羽状全裂。花紫色、浅红色或褪成白色，长角果线形，具4棱。花期4～5月份，果期5～6月份。

生长习性： 喜阳，耐高温、耐寒性强。

药用功效： 根叶可入药，消食下气，解毒消肿。

食用方法： 鲜嫩茎叶沸水焯熟后即可炒食、蘸酱、做汤。种子可榨油。

210. 仙茅

拉丁名：*Curculigo orchioides* Gaertn.

科属：石蒜科仙茅属

形态特征：多年生草本。叶线形、线状披针形或披针形，无柄或具短柄。总状花序稍伞房状，花黄色。浆果近纺锤状。花果期 4 ～ 9 月份。

生长习性：喜温暖，耐荫蔽和干旱，常见于林中、草地或荒坡上。

药用功效：根茎可入药，温肾壮阳、祛除寒湿。

食用方法：炮制后可用来泡酒，还可以用来煮腰花或者炖排骨之类。

211.鹅肠菜

拉丁名： *Myosoton aquaticum* (L.) Scop.

科属： 石竹科鹅肠菜属

形态特征： 二年生或多年生草本。茎上部被腺毛，叶片卵形或宽卵形。顶生二歧聚伞花序，花白色。蒴果卵圆形，稍长于宿存萼。花期5～8月份，果期6～9月份。

生长习性： 喜生长于潮湿环境、河流两旁冲积沙地的低湿处或灌木丛林缘和水沟旁。

药用功效： 全草可入药，清热解毒，活血消肿。

食用方法： 鲜嫩茎叶沸水焯熟后，加入油盐调拌食用，也可以炒食。

212. 孩儿参（太子参）

拉丁名： *Pseudostellaria heterophylla* (Miq.) Pax

科属： 石竹科孩儿参属

形态特征： 多年生草本，块根长纺锤形。茎下部叶倒披针形，上部叶宽卵形或菱状卵形。开花受精花腋生或呈聚伞花序，花瓣白色。蒴果宽卵形。花期4～7月份，果期7～8月份。

生长习性： 喜温暖湿润气候，抗寒力较强，怕高温，忌强光，怕涝。

药用功效： 块根可供药用，补气益血、生津、补脾胃。

食用方法： 作为食疗用来炖汤，滋补身体，比如，黄芪红枣孩儿参汤、银耳孩儿参炖鹿肉、孩儿参炖田鸡、孩儿参炖柴鸡。

213. 荇菜

拉丁名： *Nymphoides peltata* (S. G. Gmelin) Kuntze

科属： 睡菜科荇菜属

形态特征： 多年生水生草本。上部叶对生，下部叶互生，叶片漂浮，近革质，圆形或卵圆形。花常多数，簇生于节上。蒴果无柄，椭圆形。花果期 4 ～ 10 月份。

生长习性： 生长于池塘或不甚流动的河溪中。耐寒又耐热，喜静水，适应性很强。

药用功效： 全草可入药，清热利尿、消肿解毒。

食用方法： 鲜嫩茎叶沸水焯熟后凉拌、炒食、和面蒸食、腌制咸菜。

214.莲

拉丁名：*Nelumbo nucifera* Gaertn.

科属：睡莲科莲属

形态特征：多年生水生草本；根状茎横生，肥厚，节长。叶圆形盾状，中空，常具刺。花单生于花葶顶端，花瓣红色、粉红色或白色。坚果椭圆形或卵形。花期6～8月份，果期8～10月份。

生长习性：喜温暖湿润气候。

药用功效：叶、叶柄、花托、花、雄蕊、果实、种子及根状茎均入药；莲子心：清心火，降血压；老熟果实：健脾止泻；花托：消瘀止血；雄蕊：固肾涩精；荷叶：升清降浊，清暑解热；叶柄：消暑，宽中理气；花蕾：祛湿止血；根状茎：凉血散瘀，止渴除烦；藕节：消瘀止血。

食用方法：根状茎（藕）可生吃或提炼制成淀粉（藕粉），也可以用来做汤炒菜、蒸煮、沸水焯熟后凉拌；莲叶可以用来包裹米饭或者鸡进行烹饪。莲子可用来做甜品或做馅料。叶可泡茶。

215.芡实

拉丁名： *Euryaleferox*Salisb. ex K. D. Koenig & Sims

科属： 睡莲科芡属

形态特征： 一年生大型水生草本。沉水叶箭形或椭圆肾形，两面无刺；浮水叶革质，椭圆肾形至圆形，两面在叶脉分枝处有锐刺；叶柄及花梗皆有硬刺。花单生，紫红色，数轮排列。浆果球形，暗紫红色，密披硬刺。花期7～8月份，果期8～9月份。

生长习性： 喜温暖、阳光充足的环境，不耐寒也不耐旱。生长在池塘、湖沼中。

药用功效： 种仁可入药，益肾固精，补脾止泻，除湿止带。

食用方法： 种子含淀粉，供食用（煮粥、煲汤）、酿酒及制副食品用。

216.石刁柏

拉丁名： *Asparagus officinalis* L.

科属： 天冬门科天冬门属

形态特征： 直立草本。叶状枝每 3 ～ 6 枚成簇，近扁的圆柱形，略有钝棱。花每 1 ～ 4 朵腋生，绿黄色。浆果熟时红色。花期 5 ～ 6 月份，果期 9 ～ 10 月份。

生长习性： 喜温暖，耐寒、耐热性较强，适应性广。

药用功效： 嫩苗可入药，清肺止渴，利水通淋。

食用方法： 鲜嫩幼苗可供蔬食，凉拌（沸水焯熟后）、清炒、炖煮、下火锅、做熟食皆可，亦可与鱼、肉、鸡、蛋配制成菜。

217. 天门冬

拉丁名： *Asparagus cochinchinensis* (Lour.) Merr.

科属： 天门冬科天门冬属

形态特征： 多年生攀援植物。根在中部或近末端呈纺锤状膨大。叶状枝通常每 3 枚成簇，扁平或由于中脉龙骨状而略呈锐三棱形，稍镰刀状。花通常每 2 朵腋生，淡绿色。浆果熟时红色。花期 5 ～ 6 月份，果期 8 ～ 10 月份。

生长习性： 喜光，也可耐半阴，在温暖湿润的气候条件下生长良好，不耐严寒。

药用功效： 块根可入药，滋阴润燥、养阴生津、润肺清心、清火止咳。

食用方法： 鲜嫩叶可作为蔬菜，秋季挖取肥大块根食用，炒煮均可，晒干的块用于泡酒、煮粥、熬汤。

218. 东亚魔芋

拉丁名: *Amorphophallus kiusianus* (Makino) Makino

科属: 天南星科魔芋属

形态特征: 多年生草本，块茎扁球形。鳞叶 2，卵形，披针状卵形，有青紫色、淡红色斑块。叶柄光滑，绿色，具白色斑块。佛焰苞管部席卷，外面绿色，具白色斑块，内面暗青紫色，基部有疣皱。肉穗花序无梗，浆果红至蓝色。花期 5 月份。

生长习性: 喜欢生长在温暖、含水量高、腐殖质丰富且排灌良好的土壤中，有较强的耐阴性。

药用功效: 块茎可入药，解毒消肿。

食用方法: 块茎经过加工制造后，可制作豆腐、蒟蒻等作为蔬食。

219. 凹头苋

拉丁名： *Amaranthus blitum* Linnaeus

科属： 苋科苋属

形态特征： 一年生草本，茎伏卧而上升，从基部分枝。叶片卵形或菱状卵形，顶端凹缺。花成腋生花簇，直至下部叶的腋部，生长在茎端和枝端者呈直立穗状花序或圆锥花序，花淡绿色，胞果扁卵形。花期 7 ～ 8 月份，果期 8 ～ 9 月份。

生长习性： 生长在田野、人家附近的杂草地上。

药用功效： 全草可入药，清热利湿。

食用方法： 鲜嫩幼苗、嫩茎叶除了煲汤以外，还可以拌着吃（须焯水后）、炒着吃、做饺子馅等。

220. 灰绿藜

拉丁名： *Chenopodium glaucum* (L.) S. Fuentes, Uotila& Borsch

科属： 苋科藜属

形态特征： 一年生草本。茎平卧或外倾，具条棱及绿色或紫红色条纹。叶片矩圆状卵形至披针形，上面无粉，平滑，下面有粉而呈灰白色，有稍带紫红色。花两性兼有雌性，通常数花聚成团伞花序，再于分枝上排列成有间断而通常短于叶的穗状或圆锥状花序。胞果顶端露出于花被外。花果期 5 ～ 10 月份。

生长习性： 生长于农田、菜园、村房周围、水边等有轻度盐碱的土壤上。

药用功效： 全草可入药，清热祛湿，解毒消肿，杀虫止痒。

食用方法： 鲜嫩幼苗和嫩茎叶可食用，炒、做馅、做汤皆宜。

221. 鸡冠花

拉丁名： *Celosia cristata* L.

科属： 苋科青葙属

形态特征： 叶片卵形、卵状披针形或披针形。花多数，极密生，呈扁平肉质鸡冠状、卷冠状或羽毛状的穗状花序，一个大花序下面有数个较小的分枝，圆锥状矩圆形，表面羽毛状；花被片红色、紫色、黄色、橙色或红色黄色相间。花果期 7 ～ 9 月份。

生长习性： 喜温暖干燥气候，怕干旱，喜阳光，不耐涝，但对土壤要求不严。

药用功效： 花序可入药，收敛止血、止白带、止痢。

食用方法： 花可以和鸡蛋搭配一起做汤喝，也可以用来炖肉或与米酒浸泡后喝。

222. 柳叶牛膝

拉丁名： *Achyranthes longifolia* (Makino) Makino

科属： 苋科牛膝属

形态特征： 多年生草本，茎疏被柔毛。叶片披针形或宽披针形，顶端尾尖；小苞片针状，基部有 2 耳状薄片，仅有缘毛。穗状花序顶生及腋生，胞果近椭圆形。花果期 9 ～ 11 月份。

生长习性： 生长于山坡、沟边、路旁。

药用功效： 根可入药，活血散瘀，祛湿利尿，清热解毒。

食用方法： 鲜嫩叶沸水焯熟，用清水多次浸泡洗净，去掉酸味，再以油盐调拌食用，根用于泡酒、煮粥、炖汤。

223. 牛膝

拉丁名： *Achyranthes bidentata* Blume

科属： 苋科牛膝属

形态特征： 多年生草本，茎有棱角或四方形。叶片椭圆形或椭圆披针形，少数倒披针形。穗状花序顶生及腋生，花期后反折。胞果矩圆形，黄褐色。花期 7 ～ 9 月份，果期 9 ～ 10 月份。

生长习性： 喜温暖气候，不耐严寒，除东北外全国广布。

药用功效： 根可入药，生用：活血通经；熟用：补肝肾，强腰膝。

食用方法： 鲜嫩叶沸水焯熟，用清水多次浸泡洗净，去掉酸味，再以油盐调拌食用，炮制过的干根用于泡酒、煮粥、炖汤。

224. 青葙

拉丁名：*Celosia argentea* L.

科属：苋科青葙属

形态特征：一年生草本，无毛。叶片矩圆披针形、披针形或披针状条形，绿色常带红色，具小芒尖。塔状或圆柱状穗状花序不分枝，花被初为白色顶端带红色，或全部粉红色，后成白色。胞果卵形，包裹在宿存花被片内。花期 5 ～ 8 月份，果期 6 ～ 10 月份。

生长习性：喜温暖，耐热不耐寒。生长于平原、田边、丘陵、山坡。

药用功效：茎叶、根、种子可入药，茎叶及根：燥湿清热，杀虫止痒，凉血止血；种子：热泻火，明目退翳。

食用方法：鲜嫩苗叶及花序可食用，沸水焯熟后凉拌或炒食，其种子也可以代替芝麻制作糕点。

225. 香蒲

拉丁名： *Typha orientalis* Presl

科属： 香蒲科香蒲属

形态特征： 多年生水生或沼生草本。根状茎乳白色。叶片条形，海绵状，叶鞘抱茎。顶生蜡烛状肉穗花序，雌雄花序紧密连接。小坚果椭圆形至长椭圆形。花果期 5 ～ 8 月份。

生长习性： 喜温暖湿润气候及潮湿环境。

药用功效： 花粉入药，活血化瘀、止血镇痛。

食用方法： 其假茎白嫩部分（即蒲菜）和地下匍匐茎尖端的幼嫩部分（即草芽）可以凉拌（须焯水后）、炒食、做馅；老熟的匍匐茎和短缩茎可以煮食。

226. 玄参

拉丁名： *Scrophularia ningpoensis* Hemsl.

科属： 玄参科玄参属

形态特征： 高大草本。叶在茎下部多对生而具柄，上部的叶有时互生而柄极短，叶片多变化，多为卵形，有时上部的为卵状披针形至披针形。由顶生和腋生的聚伞圆锥花序合成大圆锥花序。蒴果卵圆形。花期6～10月份，果期9～11月份。

生长习性： 适应性较强，喜温暖湿润气候环境，具有一定的耐寒及耐旱能力。

药用功效： 根可入药，清热凉血、滋阴降火、解毒散结。

食用方法： 干品泡茶或者炖汤，比如玄参炖猪肝。

227.荨麻

拉丁名： *Urtica fissa* E. Pritz.

科属： 荨麻科荨麻属

形态特征： 多年生草本，有横走的根状茎。叶近膜质，宽卵形、椭圆形、五角形或近圆形轮廓。雌雄同株，雌花序生于上部叶腋，雄花序生于下部叶腋，稀雌雄异株；花序圆锥状，具少数分枝，有时近穗状。瘦果近圆形，稍双凸透镜状，表面有带褐红色的细疣点。花期 8 ～ 10 月份，果期 9 ～ 11 月份。

生长习性： 喜阴，对土壤要求不严。生长在山坡、路旁或住宅旁半阴湿处。

药用功效： 全草可入药，祛风除湿、止咳。

食用方法： 鲜嫩叶凉拌（须焯水后），或沸水焯熟后素炒、做汤、做馅食用，味道都是非常鲜美的。种子可用来榨油。

228. 鸭跖草

拉丁名： *Commelina communis* L.

科属： 鸭跖草科鸭跖草属

形态特征： 一年生披散草本。叶披针形至卵状披针形。总苞片佛焰苞状，与叶对生。聚伞花序，下面一枝仅有花1朵。花梗果期弯曲，花深蓝色。蒴果椭圆形。花期5～9月份，果熟期6～11月份。

生长习性： 喜温暖、湿润气候，喜弱光，忌阳光曝晒，常见生于湿地。

药用功效： 地上部位可入药，清热泻火，解毒，利水消肿。

食用方法： 鲜嫩茎叶洗净后即可炒食或煮食，也可做馅。

229. 鸭舌草

拉丁名： *Monochoria vaginalis*(Burm.f.) C.Presl

科属： 雨久花科雨久花属

形态特征： 水生草本，全株无毛。叶基生和茎生，心状宽卵形、长卵形至披针形。总状花序从叶柄中部抽出，花蓝色。蒴果卵形至长圆形。花期 8 ～ 9 月份，果期 9 ～ 10 月份。

生长习性： 喜日光充足、温暖环境，常见于稻田、沟旁、浅水池塘等水湿处。

药用功效： 全草可入药，清热，凉血，利尿，解毒。

食用方法： 鲜嫩茎叶可作蔬食。焯水后单炒或配肉、配其他菜一起炒食；或沸水焯熟后，加调料凉拌。

230. 华夏慈姑

拉丁名： *Sagittaria trifolia subsp. leucopetala* (Miquel) Q. F. Wang

科属： 泽泻科慈姑属

形态特征： 多年生草本。叶片宽大，肥厚，顶裂片先端钝圆，卵形至宽卵形；匍匐茎末端膨大呈球茎，球茎卵圆形或球形。圆锥花序高大，着生于下部，果期常斜卧水中；果期花托扁球形。种子褐色，具小凸起。

生长习性： 喜温湿及充足阳光，生于湖泊、池塘、沼泽、沟渠、水田等水域。

药用功效： 全草可入药，清热止血，解毒消肿，散结。

食用方法： 鲜球茎可作蔬菜食用，可炒可烩可煮。

中文索引

A
艾 / 141
凹头苋 / 219

B
菝葜 / 39
白苞蒿 / 142
白车轴草 / 118
白鹃梅 / 53
白兰 / 11
白茅 / 124
百合 / 92
百里香 / 89
败酱 / 208
半边莲 / 138
荸荠 / 202
薜荔 / 66
萹蓄 / 170
扁豆 / 74
变豆菜 / 194
播娘蒿 / 204
薄荷 / 103

C
车前 / 102
垂盆草 / 136
刺儿菜 / 143
刺槐 / 1

D
丹参 / 104
淡竹叶 / 125
地肤 / 169
地笋 / 105
地榆 / 183
东风菜 / 144
东亚魔芋 / 218
冬葵 / 130
笃斯越橘 / 41
多腺悬钩子 / 54

E
鹅肠菜 / 211
鹅绒藤 / 177

F
番木瓜 / 4
番石榴 / 31
费菜 / 137
蜂斗菜 / 145
凤仙花 / 123
佛手 / 73
佛手瓜 / 77

G
葛 / 75
枸杞 / 64
构树 / 23
菰 / 126
栝楼 / 79
鬼针草 / 146

H
孩儿参 / 212
蔊菜 / 205
何首乌 / 171
核桃 / 5
红凤菜 / 147
胡颓子 / 43
虎杖 / 172
花椒 / 35
华夏慈姑 / 230
华中五味子 / 82
槐 / 2
黄鹌菜 / 148
黄花菜 / 91
黄精 / 93
黄连木 / 15
黄皮 / 36
黄秋葵 / 131
灰绿藜 / 220
茴香 / 195
活血丹 / 106
火棘 / 184
藿香 / 107

J
鸡冠花 / 221
鸡矢藤 / 51
蕺菜 / 193
荠 / 207
假酸浆 / 188
尖裂假还阳参 / 149
碱菀 / 150
姜花 / 128
绞股蓝 / 78
接骨草 / 192
接骨木 / 65
桔梗 / 139
金柑 / 37
金荞麦 / 173
金樱子 / 55
金盏花 / 151
锦鸡儿 / 40
锦葵 / 132
韭 / 94
菊花脑 / 152
菊苣 / 153
菊芋 / 154
决明 / 119
君迁子 / 27

K
苦苣菜 / 155
宽叶韭 / 95

L
蜡梅 / 49
狼尾花 / 101
李 / 18
荔枝草 / 108
栗 / 9
莲 / 214
留兰香 / 109
柳叶菜 / 176
柳叶牛膝 / 222

龙葵 / 189
龙芽草 / 185
罗勒 / 110
萝藦 / 80
落葵 / 178

M
马鞭草 / 179
马齿苋 / 180
马兰 / 156
杧果 / 16
毛叶木瓜 / 56
毛樱桃 / 57
玫瑰 / 58
美国山核桃 / 6
绵枣儿 / 96
茉莉花 / 50
牡蒿 / 157
木芙蓉 / 46
木槿 / 47
木通 / 83
木茼蒿 / 48
木犀 / 13

N
南酸枣 / 17
南烛 / 42
泥胡菜 / 158
柠檬 / 38
牛蒡 / 160
牛奶子 / 44
牛膝 / 223
牛至 / 90

O
欧菱 / 175
欧洲菘蓝 / 206

P
枇杷 / 19
葡萄 / 84
蒲公英 / 161

Q
千里光 / 162
荨麻 / 227
芡实 / 215
茜草 / 86
青葙 / 224
清风藤 / 87
苘麻 / 133
瞿麦 / 203

R
忍冬 / 88

S
三叶委陵菜 / 186
桑 / 24
缫丝花 / 59
沙枣 / 8
山茶 / 69
山核桃 / 7
山芹 / 196
山楂 / 20
山茱萸 / 25
芍药 / 181
少花米口袋 / 120
蛇莓 / 187
神秘果 / 70
石刁柏 / 216
石榴 / 71
柿子 / 28
蜀葵 / 134
鼠曲草 / 159
水芹 / 197
四照花 / 26
酸豆 / 3
酸浆 / 190
酸模 / 174
酸枣 / 72

T
唐松草 / 182
天门冬 / 217
铁苋菜 / 117
兔儿伞 / 163

W
乌蔹莓 / 85
无花果 / 67
梧桐 / 32

X
夏枯草 / 111
仙茅 / 210
香茶菜 / 112
香椿 / 10
香蒲 / 225
香薷 / 113
小巢菜 / 121
薤白 / 97
杏 / 21
荇菜 / 213
萱草 / 98
玄参 / 226
旋覆花 / 164

Y
鸦葱 / 165
鸭儿芹 / 198
鸭舌草 / 229
鸭跖草 / 228
芫荽 / 200
盐肤木 / 14
羊乳 / 140
野胡萝卜 / 199
野蔷薇 / 60
野西瓜苗 / 135
野芝麻 / 114
益母草 / 115
薏苡 / 127
茵陈蒿 / 166
银杏 / 33
樱桃 / 22
榆树 / 34
玉兰 / 12
玉簪 / 99
玉竹 / 100
月季花 / 61

Z
枣 / 29
掌叶覆盆子 / 62
柘 / 68
栀子 / 52
枳椇 / 30
中国沙棘 / 45
中华苦荬菜 / 167
中华猕猴桃 / 81
皱皮木瓜 / 63
诸葛菜 / 209
紫背天葵 / 191
紫花地丁 / 129
紫苜蓿 / 122
紫苏 / 116
紫藤 / 76
紫菀 / 168
紫叶鸭儿芹 / 201